全国少数民族优秀图书出版资金资助项目

新型农民培训丛书

棉花高产优质栽培技术

农业部农民科技教育培训中心
中央农业广播电视学校 组编

中国农业大学出版社

编　著　苑爱云　庄其昌　卢守文　张　彤

审　稿　王海波　王青立　陈肖安

新型农民培训丛书编委会

内容提要

《棉花高产优质栽培技术》主要介绍棉花产业概况、科技动态、棉花生态区划及主要栽培方式；按照棉花生长发育进程，从播种前的准备到收获分阶段介绍了棉花器官形成、生长特点、栽培目标、“三苗”标准和应采取的管理、常见病虫害防治技术和各阶段易发生的自然灾害、防御和补救措施等。

编写说明

社会主义新农村建设需要一大批有文化、懂技术、会经营、能示范的新型农民，更需要改变传统的棉花栽培技术、经营理念的方法和意识。推广与使用棉花栽培新技术，不仅是实现高产、优质高效农业的主要内容，也是促进我国轻纺工业发展、改善与提高人民生活水平质量的重要基础。

为了解决棉花生产中存在的问题以及提高棉花产量、质量和效益等，结合农民科技培训的实际需求，我们组织有关专家编著了《棉花高产优质栽培技术》一书，作为新型农民培训丛书之一。

本书简明实用，操作性强，既可作为一线生产人员的培训教材，也可作为从事棉花生产技术人员、管理人员与农业职业院校相关专业师生的学习参考用书。

由于编写任务紧、时间仓促，编者水平有限，书中不免存在错误和不足之处，恳请读者批评指正。

农业部农民科技教育培训中心

中央农业广播电视学校

2009 年 2 月

目　录

一、基本知识

棉花为一年生亚灌木,是重要的种子纤维作物。主产品为种子纤维。棉花起源于近赤道的干旱地区。当前栽培种为陆地棉和海岛棉。

棉花是我国重要的经济作物,是关系国计民生的重要物资。棉纤维是纺织工业的重要原料。棉子仁含有十分丰富的油脂和蛋白质,剥绒棉子含油率一般可达 18%～20%,棉子仁含油率高达 35%～46%,精炼后的棉子油色清透明;棉子仁中蛋白质含量高达 30%～35%,棉子饼也是良好的饲料。

由于棉花经济效益的凸显,种植面积愈来愈大;更由于科学技术的发展与应用,棉花的单产、总产、品质均有较大的突破和提高。根据中国农业统计年鉴数据,近几年新疆棉花种植面积、单产和总产均处于全国第一,且逐年有所增加和提高(表 1)。

表 1 全国及新疆近几年棉花种植面积和产量情况

年份	播种面积(千公顷)		总产量(吨)		每公顷产量(千克)	
	全国	新疆	全国	新疆	全国	新疆
2003	5 110.60	1 055.50	4 859 709	1 600 000	950.9	1 515.9
2004	5 692.90	1 136.90	6 323 510	1 783 000	1 110.8	1 568.3
2005	5 061.90	1 160.50	5 714 174	1 874 000	1 128.9	1 614.8

续表 1

年份	播种面积(千公顷)		总产量(吨)		每公顷产量(千克)	
	全国	新疆	全国	新疆	全国	新疆
2006	5 409.10	1 268.6	6 745 300	2 189 000	1 247.12	1 725.5
2007	5 690.00	1 713.3	7 220 000	2 700 000	1 268.89	1 920.0

数据引自《中国农业统计年鉴》。

(一)棉花生产状况

1.棉花生产状况

从 20 世纪 80 年代起,我国棉花播种面积在三大主产棉区间的分布发生了急剧变化。西北棉区面积持续增长,从 1980 年的 18.7 万公顷增加到 2003 年的 110 万公顷;黄河流域棉区面积波动剧烈,上下波幅超过 50%;长江流域棉区面积稳中略降。事实上,面积的波动反映了棉区生产效益的变化,体现了地区生产的相对优势及社会分工。具体表现在以下两个方面。

(1)棉花单产水平的变化。从 1978 年以来,西北内陆棉区单产增长最快,并从 20 世纪 80 年代末开始成为全国单产最高的棉区。从而推动该区棉田面积的迅速扩张。

(2)我国棉花生产从经济发达地区向经济欠发达地区转移。由于棉花生产具有用工多的特点,从而使经济欠发达地区拥有更突出的生产优势。并成为本地区农民脱贫致富、增加收入的重要源泉。

新疆是一个古老的棉区,也是发展最快的棉区,特别是进入 20 世纪 90 年代后,由于以地膜为中心的“矮、密、早”栽培模式和生长调节剂的全面推广和应用,改进了施肥水平和施肥技术,以及相关措施的推广,棉田面积迅速扩大,单产稳步提高,总产成倍增加。

2000 年新疆棉花种植就实现了“九个第一”，即面积居全国第一，占全国总面积的 15.2%；单产居全国之首，品质最好，多年 1～2 级棉花占 80%，居全国第一；经济效益居全国第一；机械化水平居全国第一；人均植棉面积为 15～18 亩，居全国第一；人均占有棉花数量达 43.2 千克，居全国第一；人均出售商品棉达 39 千克，居全国第一；纯利润达到 530～800 元/亩，为全国第一；且是我国唯一的长绒棉生产基地。

近几年，由于品种更新、采用膜下滴灌、精量播种、测土配方施肥等技术的应用，新疆棉花生产发展上了一个新台阶。

2. 棉花主栽品种简介

(1)新疆早熟及特早熟品种

①新陆早 26 号：该品种是新疆天山种业和天合农业科技研究所从新陆早 8 号抗病变异株经数年选育而成。全生育期 126 天，为早熟品种，霜前花率 95%左右。植株筒形，前期生长发育较快，生长势强，后期生长势较稳。茎较粗，茎秆有绒毛。Ⅰ式果枝，株型紧凑，果枝与主茎夹角较小，有利于通风透光。叶色深绿，叶片中等大小，叶裂较浅。铃长卵圆形，中等大小，结铃性较强，铃较大，多为 4～5 室，结铃性强。单铃重 6.568 克。衣分 43%左右，种子灰褐色梨形，子指 12.6 克。纤维平均长度 31.06 毫米。高抗枯萎病，耐黄萎病。

②新陆早 33 号(垦 4432)：新疆农垦科学院棉花所在石选 87 天然重病地中的变异单株定向选育而成。该品种属早熟陆地棉类型，生育期 120 天左右，植株筒形，Ⅰ式果枝，株型紧凑。普通叶形。棉铃卵圆形，中等大小，结铃性较强。吐絮畅，含絮力适中，絮色洁白。其形态特性适宜机械采收。株高 65 厘米左右，果枝始节 4～5 节，单株果枝 8～10 台。单铃重 5.8 克，衣分 40.8%，子指

13.2 克。

③新陆早 36 号(新石 K8):株型较紧凑,Ⅱ式果枝,茎秆多茸毛,叶片中等大小,叶色深绿,裂刻深,铃卵圆形,中等大小,铃皮色深。整个生育期生长稳健。生育期 124 天,株高 68.98 厘米,果枝始节位 5.09 节,单株结铃 6.15 个,单铃重 5.36 克,衣分41.83%,子指 9.3 克,霜前花率 99.63%,纤维上半部平均长度 29.1 毫米。

④新陆早 37 号(96-16):株型较紧凑,Ⅱ式果枝,植株筒形或柱形,叶片中等大小,裂刻深。苗期、中期生长势强,后期生长势一般。生育期 129 天,株高 65.35 厘米,果枝始节位 5.31 节,果枝数 7.34 个,单株结铃 5.88 个,单铃重 6.30 克,子指 9.77 克,霜前花率 99.25%,衣分 40.57%。子棉亩产 347.88 千克,为对照的 101.705%;皮棉亩产 141.58 千克,为对照的 98.55%。纤维上半部平均长度 28.9 毫米。

(2)新疆早中熟及中熟陆地棉品种

①中棉 49 号:早中熟陆地棉。该品种亲本组合为中棉所35×中 51504。中 51504 是由中棉所选育的优质、抗病品系。该品种全生育期 145 天,熟性较中棉所 35 有提高,属早中熟品种。植株塔形,较清秀,田间通风透光好,整齐度、生长势较好;茎柔软有韧性、茸毛少,叶片中等大小,上举,叶裂深,Ⅱ式果枝;株高 61.3 厘米,第一果枝节位 5.5 节,株果枝数 10.4 个,单株结铃 7.1 个,结铃性强而集中,铃较大,卵圆形,单铃重 6.1 克,子指 11.1 克,不孕子率 6.7%,衣分 41.8%,霜前花率 93.7%,纤维洁白;抗病性好,具有一定的耐旱、耐盐性;吐絮畅而集中,易收摘。

②新陆中 36(K20-7):早中熟陆地棉。抗枯耐黄 91-19 优系为母本,优质丰产抗黄 155 系为父本杂交而成。全生育期 134 天(播种至吐絮期),霜前花率 94.62%。植株塔形,出苗快而整齐,从苗期到蕾期及花铃期生长势强,叶片中等大小,叶片上冲,植株比较清秀,叶量较少。株高 70 厘米左右,苞叶较大,花冠较大,乳

黄色。Ⅱ式果枝;果枝与主茎夹角较小,有利于通风透光。子叶肾形,叶片中等大小,叶色深绿色,叶裂较浅。铃卵圆形,有铃尖,较大,多为4～5室,结铃性强。单铃重5.72克,吐絮畅集中,纤维色泽洁白,含絮力适中,易摘拾。种子灰褐色梨形,子指10.58克,衣分43.85%。

③新陆中37号(THA-27):中熟陆地棉。新疆塔里木河种子股份有限公司于1998年以抗枯萎病品系B23作母本,与具有结铃性强、品质优的渝棉1号作父本进行杂交而成。生育期139天。株型塔形。株高60～70厘米,主茎粗壮,抗倒伏,茎色灰绿,老熟呈红褐色,花乳白色。Ⅱ式果枝,株型较松散,果枝数9～10台。子叶肾形,叶色深绿,真叶为普通叶,叶裂4～5片,裂口深,叶片中等大小。铃短卵圆形,铃面不光滑,有明显的棱面,有明显的油腺点,铃室多为4室,棉瓣肥大洁白,单铃重5.2克。种子梨形,黑褐色,毛子披灰白色短绒,子指11.1克,衣分40%～42%。

(3)新疆早熟海岛棉品种

①新海29号(118):早熟长绒棉品种。新疆塔里木河种子股份有限公司于2000年由(242×072)×107杂交而成。生育期144.2天。株型筒形。株高90～100厘米,茎秆坚硬,抗倒伏,茎色灰绿,老熟呈红褐色。零式果枝,株型较紧凑,果枝数13.8个。子叶肾形,叶色深绿,真叶为普通叶,叶裂3～4片,裂口深,叶片中等大小。铃卵圆形,有明显的油腺点,铃室多为3室,单铃重3.0克,絮色洁白,吐絮畅而集中。种子圆锥形,黑褐色,光子,子指11.92克,衣分33.975%。

②新海30号(B-3029):早熟优质丰产长绒棉品种。新疆巴州农业科学研究所于1999年以新海13号为母本,吉扎68为父本进行杂交而成。全生育期132～145天,植株筒形,株型紧凑,株高85.48厘米。零式分枝,茎秆粗壮,第一果枝着生节位3.4节,平均果枝数13.5台。叶色深绿,叶片中等大小,茸毛较少,花冠金黄

色，花瓣基部红心明显，花粉黄色。铃长卵圆形，有明显的油腺点，3～4 室，吐絮顺畅，单铃重 3.2 克。种子褐色，短绒灰绿色，子指 10～12 克，衣分 34.33%，纤维上半部平均长度 35.78 毫米，整齐度指数 85.86%。

③新海 31（天长 12 号）：早熟类型品种。新疆天丰种业公司科研中心以新海 15 号为母本，以具有埃及吉扎 70 遗传背景的优质中间材料 A20－2 为父本杂交而成。全生育期 146.9 天。株型筒形，株高≥100 厘米，主茎较粗，茸毛少，颜色浅绿，第一果枝节位 3～4 节。果枝类型为以零式果枝为主的混生型类型。叶片掌状叶，大小中等，颜色浅绿，裂缺较深。花瓣黄色，花药黄色。铃型圆锥形、较大，表面光滑粗糙，3～4 室，单铃重 3.26 克。苞叶形状为心形，大小中等。衣分 32%～34.1%，品质长度 36.5 毫米，纤维比强度 42～43 厘牛/特克斯，马克隆值 4.0～4.4。

（4）黄河流域、长江流域杂交抗虫棉品种

①鑫秋 2 号：国审棉 2007008。选育单位：山东金秋种业有限公司、中国农业科学院生物技术研究所。品种来源：中棉所 41 选系 PS-2×豫棉 2067 优选系 PS-1。

特征特性：转抗虫基因中熟杂交一代品种，黄河流域棉区春播生育期 120 天，出苗较迟，苗期长势弱，中期长势强，后期长势转弱，叶功能一般。株型紧凑，株高 100 厘米，叶片中等大小、深绿色，第一果枝节位 7.5 节，单株结铃 17.6 个，铃卵圆形，吐絮畅，单铃重 6.0 克，衣分 41.6%，子指 10.1 克，霜前花率 96.5%。耐枯萎病，耐黄萎病，抗棉铃虫。HVICC 纤维上半部平均长度 30.4 毫米，断裂比强度 31.2 厘牛/特克斯，马克隆值 4.5，断裂伸长率 6.3%，反射率 74.6%，黄色深度 7.2，整齐度指数 85.4%，纺纱均匀性指数 155。

②中棉所 63：国审棉 2007017。选育单位：中国农业科学院棉花研究所、中国农业科学院生物技术研究所。品种来源：9053×

SK9708 选系 P4。

特征特性：转抗虫基因中熟杂交一代品种，长江流域棉区春播生育期 125 天。植株塔形、较紧凑，株高 109.5 厘米，茎秆茸毛少，叶片中等大小、深绿色，第一果枝节位 6.3 节，单株结铃 25.6 个，铃卵圆形，吐絮畅，单铃重 5.7 克，衣分 41.5%，子指 9.8 克，霜前花率 88.6%。耐枯萎病，耐黄萎病，高抗棉铃虫，高抗红铃虫。HVICC 纤维上半部平均长度 30.0 毫米，断裂比强度 29.1 厘牛/特克斯，马克隆值 4.8，断裂伸长率 7.0%，反射率 76.1%，黄色深度 8.2，整齐度指数 84.2%，纺纱均匀性指数 139。

③中棉所 64：国审棉 2007014。选育单位：中国农业科学院棉花研究所、中国农业科学院生物技术研究所。品种来源：SK 中 27×中 394 系统。

特征特性：转抗虫基因早熟常规品种，黄河流域棉区夏播生育期 104 天，出苗快，苗壮，子叶较大，前、中期长势强。株型紧凑，株高 66 厘米，茎秆粗壮、青紫色，着生稀茸毛，叶片中等大小、深绿色，第一果枝节位 5.7 节，单株结铃 8.3 个，铃卵圆形，吐絮畅且集中，单铃重 5.3 克，衣分 38.6%，子指 10.0 克，霜前花率 93.8%。耐枯萎病，耐黄萎病，抗棉铃虫。HVICC 纤维上半部平均长度 29.9 毫米，断裂比强度 27.8 厘牛/特克斯，马克隆值4.2，断裂伸长率 7.1%，反射率 72.5%，黄色深度 8.2，整齐度指数 84.1%，纺纱均匀性指数 138。

④鲁棉研 30 号：国审棉 2007004。选育单位：山东棉花研究中心、中国农业科学院生物技术研究所。品种来源：鲁 8626 系×K-12 选系鲁 35 系。

特征特性：转抗虫基因中熟杂交一代品种，黄河流域棉区春播生育期 121 天，出苗好，苗齐壮，前期长势偏弱，中、后期长势转强，整齐度好。株型较紧凑，株高 104 厘米，茎秆较粗壮，叶片中等大小、绿色，第一果枝节位 7.5 节，单株结铃 16.9 个，铃卵圆形，铃壳

薄、吐絮畅，单铃重 6.0 克，衣分 39.6%，子指 10.5 克，霜前花率 93.2%。高抗枯萎病，耐黄萎病，抗棉铃虫。HVICC 纤维上半部平均长度 30.5 毫米，断裂比强度 31.8 厘牛/特克斯，马克隆值 4.8，断裂伸长率 6.7%，反射率 73.0%，黄色深度 8.4，整齐度指数 85.6%，纺纱均匀性指数 155。

⑤瑞杂 816：国审棉 2007002。选育单位：德州市银瑞棉花研究所、中国农业科学院生物技术研究所。品种来源：SK321 选系 087×中棉所 17 选系 884。

特征特性：转抗虫基因中熟杂交一代品种，黄河流域棉区春播生育期 120 天，出苗好，前、中期长势强，后期长势一般，整齐度好。株型松散，株高 100 厘米，茎秆紫红色，果枝长，茸毛少，叶片较大、绿色，第一果枝节位 7.1 节。单株结铃 15.8 个，铃卵圆形，吐絮畅，单铃重 6.6 克，衣分 39.8%，子指 11.8 克，霜前花率 94.1%。抗枯萎病，耐黄萎病，抗棉铃虫。HVICC 纤维上半部平均长度 30.3 毫米，断裂比强度 30.9 厘牛/特克斯，马克隆值 4.9，断裂伸长率 6.7%，反射率 73.9%，黄色深度 8.1，整齐度指数 85.3%，纺纱均匀性指数 150。

3. 棉花种植区划

(1)我国棉花种植区划。我国的棉区从东到西分属东部季风区和西北干旱区。按积温的多寡、纬度的高低、降水量多少等自然生态条件，将我国植棉区划由南而北、从东向西依次划分为华南棉区、长江流域棉区、黄河流域棉区、北部特早熟棉区和西北内陆棉区。这五大棉区自南向北分布，热量、水分资源依次递减，各区之间在适宜品种生态型、耕作栽培特点、主要病虫害的发生与危害程度方面，都呈现出有规律的变化。

生产上，常把华南棉区和长江流域棉区统称为南方棉区；把黄河流域棉区、辽河流域棉区以及西北内陆棉区统称为北方棉区。

(2)新疆棉花种植区划。新疆棉区属于西北内陆棉区,根据各地生态条件、适宜种植棉花的程度及棉花的生育特点,将新疆棉区划分为东疆棉区、南疆棉区和北疆棉区三个亚区。

东疆亚区:包括吐鲁番和哈密地区。无霜期为190～240天,≥10℃的积温为4 500～5 334℃,热量资源十分丰富,适宜种植中熟陆地棉和中早熟或中熟长绒棉。

南疆亚区:本亚区是我国海拔最高的植棉区。海拔一般为800～1 200米,因受塔里木盆地增温效应的影响,热量充足,光照资源丰富,气候非常干燥,年降水量一般为30～70毫米,无霜期180～220天,全年≥10℃的积温一般为3 800～4 400℃,适合种植早熟、中熟陆地棉和早熟、中熟海岛棉,为新疆最大棉区。本地区枯黄萎病非常严重并交叉混合发生,棉铃虫为害越来越重,亟需抗病抗虫品种。

北疆亚区:主要是天山北部各植棉区。本亚区纬度较高,海拔较低;无霜期为160天以上,全年≥10℃的积温一般为3 450～3 600℃;春季气温回升慢,低温危害较重;夏季温度较高,日照充足,秋季降温快。可满足早熟或特早熟陆地棉的生长,属于特早熟棉区。

(二)棉花产量构成因素及其指标

1. 棉花的一生(图1)

(1)生育期:棉花的一生是从种子萌发开始到种子形成结束。一般把棉花从播种到收获结束所需的天数称为大田生长期,或称全生育期。把棉花从出苗到吐絮所需的天数称为生育期,生育期的长短是鉴别品种属性的主要依据。一般生产上将生育期120天以下称早熟品种;120～140天为中熟品种;140天以上为晚熟品种。

苗期

蕾期

开花结铃期

吐絮期

图 1 棉花的一生

(2)生育时期:在整个棉花生育期中,依各器官建成的顺序和形态特征而划分为若干个生育时期。

出苗期:幼苗子叶平展时为出苗(个体),全田(区)50%棉株达子叶平展的日期为出苗期。

现蕾期:棉株第一果枝第一幼蕾达3毫米以上时(个体),全田(区)50%棉株现蕾的日期为现蕾期。当全部棉株第四个果枝现蕾的日期为盛蕾期。

开花期:全田(区)50%棉株第一果枝第一朵花开放的日期。当全部棉株第四果枝开花的日期为盛花期。

吐絮期:全田(区)50%棉株第一个棉铃正常开裂吐絮的日期。

(3)生育阶段:栽培上因管理需要,将前一生育时期和后一生育时期所间隔的时间划分为一个生育阶段,即播种出苗期、苗期、蕾期、开花结铃期、吐絮成熟期。生产上一般根据各阶段的生长发育特点进行田间管理,各生育阶段经历的时间与品种、气候及栽培条件有密切关系。

2.棉花产量构成因素

(1)产量结构:皮棉产量由每亩有效棉铃总数、单铃重及衣分三个因素构成。棉花平均单铃重一般在5～6克,衣分为36%～40%。每亩棉铃数是构成皮棉产量的主导因素。如果每亩棉铃数相等,则产量的高低又取决于铃重和衣分。

(2)合理密植:确定合理的种植密度,要充分考虑当地气候、土壤肥力、品种特性、栽培技术水平等因素。目前我国棉区种植密度一般以3 000～6 000株/亩为宜,热量较多、肥力较高的地块,密度偏稀些,北方棉区则密度偏大些。但麦后直播棉、旱薄地、西北内陆棉区等种植密度可提高到6 500～8 500株/亩。特早熟棉区如种植早熟品种在1万～1.2万株/亩,新疆棉区部分棉田密度甚至高达1.5万～1.8万株/亩。

(3)合理配置株行距:恰当的行株距配置不但有利于棉田通风透光,而且也便于田间管理和棉田机械化作业。

等行距:一般棉田采用等行距种植。据山东省的生产实践和试验结果,土壤肥力高、肥水条件好、棉花株高可达 1.1 米以上,行距可放宽为 90～100 厘米,株距 26 厘米左右;中等肥水条件、棉花株高在 1 米左右,行距在 82～90 厘米,株距在 25 厘米左右;中等以下肥力条件、棉花株高在 80 厘米左右,行距 70 厘米、株距在 23 厘米左右;旱薄地、早熟棉区、株高在 60 厘米以下,行距 50～60 厘米,株距 20 厘米。

新疆特早熟棉区,株行距配置为(60 厘米＋16 厘米)×9.5 厘米,或(66 厘米＋10 厘米)×10.5 厘米,该株行距既适于机采,又合理地增加密度,理论株数为 16 760～18 520 株/亩,收获株数为 14 200～5 740 株/亩。

宽窄行:宽行与窄行相间种植,通过宽行来改善光照条件,通过窄行来增加密度。一般宽行距 60～100 厘米,窄行距 40～60 厘米。这种配置方式在中等肥力棉田和套作棉田普遍采用。

每亩皮棉 150～155 千克的产量结构为:收获株数 1.4 万株/亩,植株高度 60～65 厘米,果枝台数 7～7.5 台,单株成铃 5～6 个,单铃重 5.0～5.5 克,衣分 40%～42%,霜前花率≥85%。

(三)棉花生育进程及形态指标

1.生育进程

各地根据气候因素的不同,棉花生长进程大致如下:4 月中旬至下旬全苗,5 月中旬至 5 月底见蕾,6 月中旬至 7 月初见花,7 月 10～5 日进入盛花期,8 月中下旬见絮,充分利用 6 月中旬至 8 月中旬的最佳成铃季节成桃。

2. 形态指标

各地提出的生育动态指标一般有：株高、主茎日增长量、叶面积动态变化、功能叶面积、红茎比、叶色、顶四叶位次序、果枝和果节数动态变化等，在当地均可作为看苗诊断的指标。

（四）棉花的生育特性

棉花与一般的大田作物相比，有其特定的生育特性。掌握这些生育特性，应用于棉花生产中，有利于夺取高产优质。

1. 喜温、好光性

棉花原产于热带、亚热带地区，长期适应于温暖的气候条件，是典型的喜温作物，棉花遇到低温会出现冷害或冻害。一般种植棉花的地区，无霜期应在 150 天以上，全年≥10℃ 的积温在 3 000℃ 以上。

棉花幼苗在 1℃时即可被冻伤，－3～－2℃时即可受冻死亡。10℃以下的低温持续 3 天以上会造成棉花烂种，出苗率大幅度下降。因此，新疆广泛采用地膜植棉，可以增加前期温度，促进苗早发。棉花生长发育的一般温度为 15℃以上，19～20℃以上才能现蕾，25～30℃最适宜开化现蕾，形成纤维素必须在 20℃以上；一生中生长最适温度为 25～30℃，超过 40℃则生长发育不良，脱落增加。

新疆的气温一般在前半期（7 月上旬至 8 月中上旬）平均气温在 25℃左右，符合棉花生育要求，但以后平均温度低于 24℃，8 月底至 9 月初平均温度低于 20℃，对棉铃的生长及纤维的发育均不利。新疆棉区在棉花栽培中，应尽量促使棉花早现蕾、早开花、早结铃，是提高棉花产量和改善品质的关键措施。

棉花是喜光作物，叶片进行光合作用所需要的光照强度高于其他作物。田间种植密度过大，隐蔽，通风透光差，则蕾铃脱落较多，产量低。棉花属于短日照植物，在不同地区引种时应注意纬度和海拔的变化。

2.无限生长习性

棉花原为多年生植物，经过长期驯化，变为一年生植物，但仍具有多年生习性。在适宜的条件下，其主茎和侧枝不断分化形成分枝，并现蕾、开花、结铃，因而植株的丰产潜力很大。但在各地有限的生长季节和特殊的气候条件下，必须恰当地控制这一特性，合理掌握其应有的果枝数和蕾铃数，充分利用生长季节，既要防止早衰，也要防止贪青晚熟，促使其正常成熟。

3.株型可塑性强

棉花同一品种，在不同的条件下，其株型变化很大，既可形成高大的松散型，也可控制为矮小紧凑型。由于新疆独特的气候条件棉区广泛采用“矮、密、早、膜”的栽培模式，根据当地的气候条件、栽培水平，通过水肥、密度、整枝和化学调控技术，合理调整群体结构，控制株型，以达到高产、优质、低成本、高效的栽培目的。

4.再生能力强

棉花的腋芽、茎、根等器官均具有一定的再生能力。当主茎生长点或主根受到危害后，其侧枝和侧根生长优势加强。一般棉株越小，再生能力越强，当棉花植株受到危害后，如雹灾后，可以利用其这一特性进行补救，并能获得一定的产量。

5.营养生长与生殖生长的并进生长时间长

棉花植株现蕾以前，便进入花芽分化期，即由营养生长转入营养生长与生殖生长的并进生长阶段，直到吐絮才结束，历时70～90天，占全生育期1/2～2/3。这段时间棉花植株既有根、茎、叶等营养器官的生长，又有蕾、花、铃等生殖器官的生长，植株体内的养分分配十分紧张。若栽培措施运用不当，肥水较大，偏于营养生长，生殖生长较弱，形成“高、大、空”的贪青晚熟长势，产量低；若肥水条件不良，偏于生殖生长，植株生长过弱，形成“矮、小、空”的早衰长势，产量也低。栽培中应协调好两者的关系，实现棉花早熟、高产、优质。

二、高产棉田应具备的条件

（一）棉花高产稳产需要具备的土壤基本条件

（1）土层深厚，团粒结构多，土质疏松，通透性好，保水保肥性能强。一般黏土在30%～60%，容重在1.10～1.25克/厘米^3，孔隙度在55%以上。高肥力、中壤土为佳。

（2）土壤有机质含量应在1.2%以上。

（3）土壤水分较适宜。棉株对硝态氮吸收的多少取决于土壤水分状况是否适宜，土壤水分既影响养分的吸收及生物转化，也影响土壤中一系列化学性质的变化，肥沃的土壤保墒蓄水能力强，从而提高了水分利用率，能较好地满足棉株对水分的要求。鉴于棉花适应性能较强，在一些轻碱地、瘠薄旱地上也可生长。如果逐步进行土壤改良，加强栽培管理也可获得较好收成。

（二）测土配方施肥技术及肥料的准备

1.测土配方施肥的步骤

（1）取样测土。获得土壤养分含量，计算出土壤供肥能力。

土壤无机氮(千克/亩)＝土壤无机氮测试值(毫克/千克)×0.15×校正系数

碱解氮的校正系数在0.3～0.7之间,有效磷校正系数在0.4～0.5之间,速效钾的校正系数在0.5～0.85之间。

(2)计算需要补充的养养分量:

$$\text{目标产量所需养分量(千克)} = \frac{\text{目标产量(千克)}}{100} \times \text{百千克产量所需养分量(千克)}$$

$$\text{施肥量(千克/亩)} = \frac{\text{目标产量所需养分总量} - \text{土壤供肥量}}{\text{肥料中养分含量} \times \text{肥料当季利用率}}$$

氮磷钾化肥利用率为:氮30%～35%、磷10%～20%、钾40%～50%。

一般情况下,测土配方施肥表采用的推荐施用量是纯氮、纯磷(五氧化二磷)、纯钾(氧化钾)的用量。由于各种化肥的有效含量不同,在生产过程中,农民不易准确把握用肥量。为帮助农民朋友掌握测土配方施肥量的计算方法,现假设一块地推荐用肥量为每亩纯氮8.5千克,纯磷4.8千克,纯钾6.5千克。

单项施肥计算方式为:(推荐施肥量÷化肥的有效含量)×100＝应施肥数量

每亩施肥量计算结果如下:

施入尿素(尿素含氮量一般为46%)应为:(8.5÷46)×100＝18.4(千克);

施入过磷酸钙(其中P_2O_5的含量一般为12%～18%)应为:(4.8÷12)×100＝40(千克);

施入硫酸钾(硫酸钾中纯钾的含量一般为50%)应为:(6.5÷50)×100＝13(千克)。

施用复合肥用量要先以推荐施肥量最少的肥计算,然后添加其他两种肥。如某种复合肥袋上标示的氮、磷、钾含量为15：15：

15，那么，该地块应施这种复合肥：(4.8÷15)×100＝32(千克)。由于复合肥养分比例固定，难以同时满足不同作物不同土壤对各种养分的需求，因此，需添加单质肥料加以补充，计算公式为：(推荐施肥量－已施入肥量)÷准备施入化肥的有效含量＝增补施肥数量。该地块施入了32千克氮磷钾含量各为15％的复合肥，相当于施入土壤中纯氮32×15％＝4.8(千克)，纯磷和纯钾也各为4.8千克。

根据推荐施肥量纯氮8.5千克，纯钾6.5千克的要求，还需要增施：尿素(8.5－4.8)÷46％＝8(千克)，硫酸钾(6.5－4.8)÷50％＝3.4(千克)。

2.棉花需肥规律

每生产百千克皮棉从土壤中吸收氮15千克，磷6千克，钾10～15千克。棉花不同生育期吸收养分的数量是不同的(表2)。

表2　棉花不同生长阶段吸收养分

生长阶段	吸收N素量(％)	吸收P_2O_5量(％)	吸收K_2O量(％)
苗期	5	3	3
现蕾至始花	11	7	9
始花至盛花	56	24	42
盛花至盛铃	24	52	35
吐絮以后	5	14	11

由表2可看出，棉花一生中各生育期的需肥规律是：吸肥高峰期在花铃期，氮肥吸收高峰在前(始花期至盛花期)，磷钾吸收高峰在后(盛花期至吐絮期)。因此，保证花铃期充分的养分供应对实现棉花高产极其重要。

三、播种前的准备

(一)封冻前的土壤准备

1.选地与整地

(1)选地与残膜清理。覆膜棉花产量高,消耗的土壤养分多,要求土壤有较高的肥力,土层深厚;土壤质地以壤土或轻黏土为好,盐碱含量低;有机质含量为1.0%以上,含氮60~90毫克/千克,含磷10~13毫克/千克,含钾120毫克/千克以上。前作应为养地作物,如大豆或秸秆还田等为好,瓜菜地为最好。轮作周期在5年以上的地块。

地块选好以后,在犁地之前清理残膜(图2),减少对土地的污染和棉花生长的影响。

(2)施足基肥。根据各地植棉经验,一般肥力水平,基肥占施肥总量的70%~80%,才能满足棉花高产的需要。基肥多用有机肥料,棉区主要施用堆肥、土杂肥、厩肥、油渣,也有以绿肥作基肥的。一般有机肥用量为1~2吨/亩,油渣的使用量为50千克/亩。所有的有机肥、磷肥总量的80%和所有钾肥可一次性在耕翻前集中施入(图3)。在土壤条件较充裕的地区,可扩大绿肥的种植面

积,以提高土壤有机质含量,改善土壤结构。

图 2 清理残膜

图 3 机械撒施肥料

(3)深耕翻。棉花是深根作物,深耕是棉花增产的重要环节。需要进行秋(冬)季深耕翻,耕翻深度在 25～30 厘米,保证耕翻质量。秋耕最好在前作收获后进行,最迟应在表层 5 厘米结冻前结束。

2.棉田冬灌

棉田进行冬灌，可确保翌年棉花达到一播全苗和苗齐苗壮。农谚说得好，“棉田经冬灌，棉桃赛蒜辫”。若不进行冬灌，到翌年种棉花时将因地墒不足影响出苗和幼苗的正常生长。经实验证明，棉田冬灌比晚春灌增产20%以上。原因是冬灌能使棉田积蓄充足的水分，冬灌后只要做好保墒工作，在一般情况下可满足棉花发芽、出苗和幼苗对水分的需要。农谚道：“一冻一消，地成灰包”，“干犁干坷垃，湿犁湿坷垃，要想没坷垃，除非冬灌它。”这些农谚已说得很明白，冬灌可消除棉田坷垃，经一冻一消的作用，使土壤达到疏松，有利于棉花出苗和生长；冬灌还可促进土壤中有机肥料的转化，从而有利于棉花对肥料的吸收和利用；冬灌还能杀死棉田地下的虫卵，防止或减轻害虫对棉花的危害。

冬灌时间，要本着宜早不宜迟的原则，一般掌握在地表开始结冻或夜冻昼消时进行。冬灌水量可适当大些，一般每亩不少于80～100米^3。一般在12月中旬至翌年1月上旬。冬灌要注意灌匀灌透，并做好耙耘保墒工作。

3.土壤改良措施

针对农田(地)土壤肥力低，耕性不良的问题，在培肥改良时，可采取以下措施：一是增加有机肥的投入，包括通过增施腐熟有机肥，秸秆还田，种植有机绿肥等方法，提高土壤有机质含量，促使土壤表层熟化；二是采用“客土法”增加肥土，加厚耕层，提高土壤肥力；三是通过合理轮(套、间)作的方法，不仅可加快土壤中有机质的形成、积累和提高，而且可增加土壤团粒结构，改善土壤耕性，促使耕层的形成；四是推广测土配方施肥技术，根据土壤中缺少养分的类型和程度，做到“因缺补缺”，进行针对性施肥。

（二）春季适时整地

1.翌年春季做好保墒整地工作

播前及时整地，冬灌地早春化冻后，做到干一片耙一片，适时保墒。播种前一天，机引轻型圆盘耙或钉齿耙，后带平地磨整地，耙地深度6～8厘米，一般先用钉齿耙或圆盘耙切地，后带耱适当镇压，避免土壤过于疏松。在田间整地时，应注意减少作业次数，降低成本，最好采用联合作业。必须达到"齐、平、松、碎、净、墒"六字标准，且达到"上虚下实"，以此确保播种质量的提高（图4、图5）。

图4 激光平地

播种时不能带种肥的地块，应在整地之前撒入肥料，再整地。在地面8～10厘米处土壤手捏成团，从100厘米高处落地即散时立即耙地播种，耙地深度6～7厘米。

图5 播种前土地状态

2.化学除草

为了防除杂草,在播种前一天用除草剂进行土壤处理。使用量一般为60～100克/亩,同时应注意除草剂的使用特性。在傍晚用机力喷雾器均匀喷雾,做到不漏喷,不重喷,喷药后立即(结合整地)耙磨整地,使药土混合均匀。

棉田土壤除草剂使用时应注意的问题:一是使用的除草剂种类要适合;二是注意剂量要准,量不足除草效果较差,量偏大则会促使形成畸形根;三是在使用除草剂时,要注意使用时的气温、土质和兑水量等因素,要认真按照说明书来操作;四是施用除草剂的器械要专用。

(三)种子准备

1.种子相关知识

(1)种子的结构及特点:棉花种子呈不规则的梨形,一端为钝

圆形或半圆形，另一端为尖突，且有一个小孔，称为珠孔。种皮内有一层木质化的栅栏组织，钝圆端的合点则无。合点和珠孔为种子萌发主要的吸水通道。

种子表面通常被有茸毛，其颜色有灰白色、白色、褐色等。轧花后短绒仍留在种子上的称为毛子，没有短绒的称为光子，一端或两端有短绒的称为端毛子。

种皮内为胚，包括胚芽、胚轴、胚根和子叶。子叶上有蜜腺，含有棉酚；有些品种含量微或没有棉酚，称为低酚棉或无毒棉。

种子大小用子指表示。子指是指 100 粒棉子的重量，用克表示，一般为 9～13 克。

种子萌发首先种子吸收水分，使种子软化；然后在适宜的温度条件下，子叶中贮藏的养分转化为可溶态养分，供子叶生长所需；胚的各个部分得到养分，便开始生长。胚根向下生长形成根系。下胚轴向上伸长将子叶和胚芽顶出地表，子叶出土后见光转绿展平，称为出苗(图 6)。

(2)种子萌发条件：

①种子萌发需要吸收种子自身重量 60%的水分，要求土壤中含水量在 14%以上。

②棉花种子发芽的最低温度为 10～12℃，最适宜发芽的温度为 25～30℃，最高温度为 40～45℃。变温条件下，种子发芽速度较恒温条件下发芽快。棉花出苗的最低温度为 16℃。

③种子萌发出苗还需要充足的氧气条件。因此，播种不能过深、土壤湿度不能太大。

2. 选择品种的依据和要求

(1)结铃性强，单株成铃率高，特别是植株中上部成铃率高，伏前桃和伏桃比例高，有利于提高产量。且株型紧凑，适宜密植。

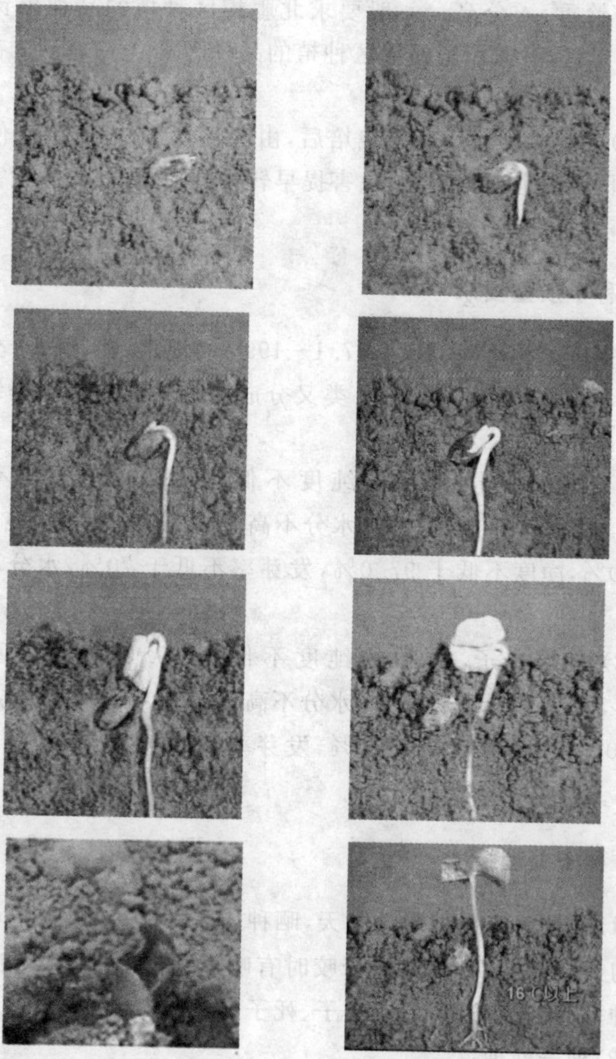

图 6　种子萌发出苗过程

(2)铃重、衣分高。一般要求北疆棉区种植的品种单铃重为5.5～6.0克，南疆和东疆棉区种植的品种为6.0～7.0克，衣分达到38%～40%或更高。

(3)抗病虫较强。覆膜栽培后，由于环境条件的改善，使得病原菌生长条件也得到改善，虫害提早转移到棉田，因此病虫害发生会提早，并有加重的趋势。

3.种子质量要求

根据国家标准克GB 4407.1—1996的规定，棉花种子分为棉花毛子和棉花光子两类，每一类又分成原种和良种两个等级。其质量标准是：

(1)棉花毛子，原种的纯度不低于99.0%，净度不低于97.0%，发芽率不低于70%，水分不高于12.0%，良种的纯度不低于95.0%，净度不低于97.0%，发芽率不低于70%，水分不高于12.0%。

(2)棉花光子，原种的纯度不低于99.0%，净度不低于99.0%，发芽率不低于80%，水分不高于12.0%，良种的纯度不低于95.0%，净度不低于99.0%，发芽率不低于80%，水分不高于12.0%。

4.种子处理技术

(1)晒种。在播种前选晴天，晒种4～5天，每天晒5～6小时，摊均匀并定时翻动，晒到棉子咬时有响声为准。但不要在水泥地上晒种，以免温度过高形成硬子、死子(图7)。

(2)种子处理：

①人工选种。为保证棉花能够均匀出苗，减少苗期病害的发生，做到“五苗标准”，适应气吸式“单穴单粒”播种要求，机械选种

图 7 晒种

后，需进行人工选种。

②药剂拌种。用种子重量 0.3%～0.5%的多菌灵或敌克松或甲(乙)基托布津及种子重量 0.8%～1.0%的甲基硫环磷等药剂拌种或闷种，具有杀菌防虫的作用。

③种衣剂包衣。种衣剂组成中包括杀菌剂、杀虫剂、微量元素、激素和成膜剂、稳定剂、防腐剂等。种衣剂包衣处理棉子，能直接杀灭种子所带病菌，防止土壤带菌传染病菌和地下害虫的危害，同时对棉花有促进生长发育的作用。

④缩节胺拌种。一般对缩节胺反应不敏感的品种，为防止高脚苗的形成，可用缩节胺拌种，一般每 100 千克种子用量为 20～60 克不等。

注意：药剂拌种时不能随意加大用药量、拌种均匀，否则会抑制发芽，出苗困难。注意用药安全(图 8)。

图8 机械拌种

(四)地膜准备

1.地膜的种类

目前先进棉田应用的地膜是聚乙烯无色透明塑料薄膜。目前生产中应用较广泛。线型低密度聚乙烯薄膜，一般厚度为0.007～0.009毫米，比重为0.92克/厘米^3，有较高的拉伸强度和抗穿刺能力，抗逆境能力强，是一种新型薄膜，推广速度较快。

在地膜选用时，应选择低成本、拉力强、不易破碎、保温保墒、经济效益高、便于回收的地膜。

2.地膜用量计算

(1)计算覆盖度。覆盖度是指地膜覆盖面积与土地面积之比。

$$覆盖度=\frac{地膜覆盖面积}{土地面积}\times 100\%=\frac{地膜宽度}{地膜宽度+膜间距}\times 100\%$$

(2)用膜量为：

地膜用量(千克/亩)=地膜厚度(毫米)×地膜比重(克/厘米^3)×覆盖度×667 米^2

(五)播种机械的安装与调试
(包括普通播种和精量播种)

播种机械的安装与调试主要根据播种量、株距、行距调整播种机的工作性能;同时检查覆土器的覆土情况。

四、播种技术

(一)直播技术要点

1.适时播种

当5厘米土壤地温连续5天稳定通过10℃时即可播种。在常年情况下,黄河流域棉区应抓住4月中下旬“冷尾暖头”抢晴天播种。新疆南疆一般在4月初至4月下旬,东疆一般在3月底至4月中旬,北疆棉区一般在4月上旬至4月底。总体原则是“霜前播种,霜后出苗”。在确定播种期时,有农用谚语“柳树发芽播玉米,榆树发芽播棉花。”

2.播种量确定

$$\text{播种量(千克/亩)}=\frac{\text{每亩保苗株数}\times\text{千粒重}\times\text{系数}}{\text{种子纯度}\times\text{种子发芽率}\times\text{田间出苗率}}$$

一般播种粒数不少于留苗数的4～5倍。条播要求每米内有棉子45～60粒。播量为4～6千克/亩,半精量点播播量2.5千克/亩左右,每穴播3～4粒。当前生产中也应用“单穴单粒”技术,一般播种量为1～1.2千克/亩。

3.播种铺膜方式

(1)先播种后铺膜:春季及时耙耱保墒,适宜的时期先播种,然后铺膜,条播多采用这种方式。棉花出苗,子叶展平以后,人工及时放苗封土。这种方式的优点是保温保墒好,铺膜播种质量高,可早出苗,且易出全苗。缺点是放苗不及时易烧苗或低温冻伤苗,易形成高脚苗,费时费工,封土不好易掀膜,且杂草丛生。这种方式适合春季低温,播种早,且土壤墒情好的秋灌棉田播种。

(2)先铺膜后播种:这也是新疆棉花生产中主要的播种方式。一般春季整好地以后,适宜播种吋,机械铺膜、打孔、点播、覆土一条龙作业。优点是不需要破膜放苗,节省劳力,幼苗出土后抗寒能力强,分布均匀,生长整齐。缺点是温度提高速度较慢,由于温度低,易烂种烂芽,播种孔处遇雨易板结,造成出苗困难,保苗率降低。这种方式适宜春季雨水较少、气温回升较快的地区,适于中壤和沙质土壤。

4.铺膜播种质量

地膜与地面紧贴,松紧适中;膜面平整、干净,采光面大,一般为65%以上,边行外侧保持≥5厘米的采光带,以增加地膜的受光面积,增温效果好;膜行直,要求播行要直,接幅要准,播种到边到头;膜边垂直入土,膜沟深5～10厘米,膜边压土严密;铺膜后为防止大风揭模,每隔5～10米在膜上垂直打一小土埂;播种要求下子均匀,深浅一致,一般膜下播种深度为2～3厘米;点播的应封严种孔,空穴率≥3%。覆土不能太厚,膜上覆土1～1.5厘米(图9)。

新疆由于春季低温、蒸发量大,棉区通常采用平地铺膜,易增温保墒。播种方式分为条播和点播,条播易于控制深度,苗齐、苗全,易保证计划密度。一般黏质土壤或下潮地常采用条播。点播节约用种,株距一致,幼苗顶土力强。

图 9 播种后质量要求

5. 应用地膜时注意事项

(1)按生产要求使用厚度不低于 0.008 毫米、抗拉力好的地膜；

(2)整地时将田间的残根残茬、残膜处理干净，减少膜破损；

(3)播种时风力较大时，可以暂停播种，以减少损失。

(二)育 苗 移 栽

1. 育苗技术要点

(1)设置苗床。苗床选择背风向阳、排灌方便的生茬地，为了方便运苗，苗床应设在接近水源、移栽田附近。有计划地分段建床。苗床宽度可视塑料薄膜宽度而定，一般床宽 1.3 米左右，长可以根据地块状况和便于管理为原则确定，苗床深度 12 厘米左右，以摆钵盖土后与地面相平为宜。床底铲平，深浅一致，四周开好排水沟。

(2)配制营养土与装袋。营养土要选择富含有机质,通气性良好,保水保肥能力强,没种过棉花的肥沃粮田土。每6份土加4份腐熟的粪肥,混匀过筛。每50千克营养土加0.5千克含氮、磷、钾各15%的复合肥,并掺入少量的杀菌剂。肥料和药剂的用量切忌过多造成烧苗。配齐后的土肥充分掺匀,以备装袋。制作营养钵时,将肥土掺匀喷湿,湿度达到"手握能成团,平胸落地散"为好。营养袋的规格以10厘米×12厘米和12厘米×14厘米较为适宜。每亩棉花需3 000~4 000个营养袋。把配制好的营养土填满,并轻度压实。

(3)精细播种:

①播种时间,应在4月15~30日。

②种子处理与催芽。播种前用40%拌种双粉按干种量的0.8%拌种,并进行晒种、浸种、催芽、消毒处理。催芽方法有两种,即"鸡窝催芽"法和温室催芽法(图10)。

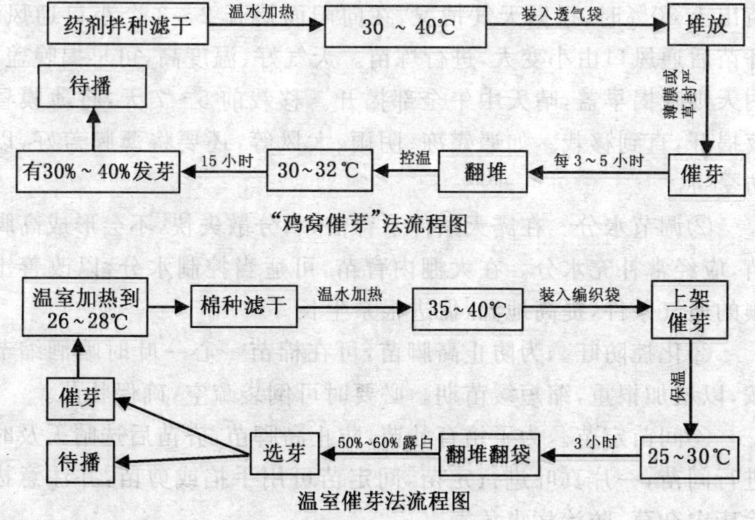

图10 棉花催芽流程图

③播种。育苗棉播种期要看天气变化情况，抓住“寒尾暖头，抢晴播种”。一般在移栽前 30～45 天播种。播前选好棉子，下种时进行温汤浸种。将营养钵摆正，上平下不平。摆钵后，分次喷洒浇透钵块(喷透水的标准，用小棍能顺利扎透钵块即可)，待水下渗后，用木棒在营养袋中央打一直径 2 厘米、深 1.5 厘米的小洞，每钵点种 2～3 粒，上盖 1.5～2 厘米营养土，苗床表土保持湿润，确保及时出苗，苗齐、苗匀。播种后，立即搭架盖膜，四周用土封严踏实，防风揭膜。

④摆袋。苗床可采用半地下式，床宽可根据地形和育苗数量设置。整好苗床后，底层先放些松土或沙子，然后把营养袋按规格摆平。为便于管理，每隔 1 米设一人行道。

(4)苗床管理：

①温度管理。出苗前，苗床温度保持在 25～30℃，出苗后 20～25℃，第一片真叶后，保持 20℃左右。出苗前不要揭膜，当棉苗出土 80%时，根据天气情况，在向阳面揭开 2～3 个小口通风，齐苗后通风口由小变大，进行炼苗。天气好、温度高，可早揭晚盖，阴天则晚揭早盖，晴天中午全部揭开。移栽前 5～7 天，将薄膜昼夜揭开，直到移栽。如遇霜冻、阴雨、大风等，还要将薄膜盖好，以防受害。

②调节水分。在露天条件下育苗，水分散失快，不会形成高脚苗，应经常补充水分。在大棚内育苗，可适当控制水分，以改善土壤的通气条件，提高地温，促进根系生长。

③化控防旺。为防止高脚苗，可在棉苗一心一叶时喷洒缩节胺，以增加根重，缩短缓苗期。必要时可倒袋疏空，确保壮苗。

④间苗定苗。为了培育壮苗，防止高脚苗，齐苗后选晴天及时进行间苗，一片真叶进行定苗，间定苗可用手掐或剪苗，并注意拔除床内杂草，防治病虫危害。

⑤防治病虫。由于苗床湿度较大，植株密集，发生病虫害的几

率较大，须严格监测。苗期主要病害为红腐、炭疽、立枯，主要虫害为蚜虫、棉蓟马、棉叶螨等。

(5)育苗期间易出现的灾害：棉花育苗期间常见的灾害性天气主要有：低温冷害、连阴雨、暴雨、冰雹及渍害等。针对这些灾害，在生产实际中可采取如下防御对策。

①及早准备湿度适宜的营养土。营养钵制钵用土湿度太大，是棉苗发病的一个重要诱因。而春季多雨，自然状态下旱地土壤湿度一般都会维持较高水平。因此在棉花播种前，应抓住晴好天气，及早准备湿度适宜的营养土，并用薄膜覆盖好，为制钵做好准备。营养钵制钵用土适宜的土壤相对湿度是70%～80%，即土壤捏拢可成团，齐胸落地会自然散开。

②开沟排涝排渍。4～5月份，一般是棉花主产区的多雨期，棉地相对土湿常在100%以上。为了避免涝、渍害的发生，预防棉花烂种、死苗现象，棉花苗床四周要开沟吊床，沟深要达到30～35厘米。

③合理调控温、湿度，提高棉苗的抗逆能力。高温、高湿是棉花苗期高发病率的又一诱因。4月下旬以后，气温回升较快的地区日平均气温可达20℃以上，日最高气温可达30℃以上，苗床膜内高温、高湿的小气候条件会诱发病原体的大量繁殖，从而导致病害的严重发生。因此，在遇晴暖天气的中午前后，应注意揭膜降温、降湿。待棉花齐苗且子叶全部展开以后，遇晴好天气时，白天须揭膜炼苗，晚上须覆盖保温，以逐渐提高棉苗对外界大气候环境的适应能力。

④注意预防暴雨、冰雹等气象灾害危害。棉花炼苗期后，易遭遇暴雨冲刷的危害。对于暴雨冲刷危害的防御，首先是雨前抢盖薄膜；对于已遭遇暴雨冲刷的苗床，应及时用细土压根固苗，并注意遮阴防暴晒，以防止棉苗因蒸发过大而萎蔫。另外，冰雹也是春季易发的一种天气灾害，但其突发性强，难以预防。冰雹灾害出现

后，对于心叶已遭受机械损伤的棉苗须剔除重播。

2. 移栽

移栽质量的好坏关系到缓苗期的长短。所以，必须保证适时适龄移栽，提高移栽质量。营养袋育苗移栽田应比普通春棉每亩增加 200～300 株。同时应做到薄地宜密，肥地宜稀，一般每亩 3 300～4 000 株。行株距可根据麦畦情况而定。

(1)适时移栽。一熟制棉区春季气温回升快，以 4 月下旬到 5 月上旬，苗龄达 2～3 片真叶时为移栽适期，两熟棉田套栽一般以收麦前 15～20 天移栽，苗龄达 3～4 片真叶为宜。

(2)提高移栽质量。移栽前，浇好起苗水。黏壤土移栽前 2 天浇水，沙壤土移栽前 1 天浇水。移栽时要轻起、轻运，以免烂钵伤根。按棉田种植计划及行株距配置开沟，定距栽苗，保证密度。移栽深度，应稍低于地面。也可顺垄开沟，把脱袋后的棉钵摆正埋平。两株中间可适当堆肥，每亩施复合肥 5～10 千克，并随即浇一次透水。

(3)施足肥、浇好水。开沟移栽时，可施优质农家肥、饼肥和磷肥，三者堆置腐熟，移栽时，结合开沟，集中条施，注意土肥混匀，以防烧根、伤叶。移栽时，先封土 2/3，再浇水。待水下渗，封土平沟，盖严钵块，并略高于地面。

(三)当前生产中主要栽培模式

1. 间作、套种模式

一是棉田套种(栽)模式两熟(图 11)。其中小麦田套种(栽)棉花，主要分布于黄河流域的河南和山东的鲁南和西南。瓜(西瓜、甜瓜、哈密瓜等）与棉花间作套作，在长江流域和黄河以及西北棉区都有分布。油菜田套栽棉花，主要在长江流域，黄河流域增加较快。蒜套（栽）棉、葱套棉主要分别在黄河流域，在河南和山东一些大县非常集中。新疆棉区中的南疆果棉间作发展很快，主要间作果树是枣树，其次是杏以及核桃等。

图 11　棉花套种安息茴香

二是粮（油）棉复种。主要有油菜收获后移栽棉花，主要分布于长江流域，已成为长江中游的主要模式。小麦收获后移栽或直播棉花，主要分布于湖北襄樊、荆门和湖南的南阳等南襄盆地棉区，黄河流域也呈发展态势。

三是多熟高效模式。三熟主要模式有菜瓜棉与麦瓜棉采用间作套种（栽），长江流域和黄河流域均有分布，棉田面积约 360 万亩，占总棉田面积的 4.2%。

2.新疆棉花栽培模式

新疆气候条件总体上是无霜期短，积温较低，尤其是前期气温回升慢，且不稳定，易造成烂种烂芽，生长发育进程较慢，成熟受到

限制。采用地膜覆盖，有利于增加产量、改善品质、提高效益。

新疆棉花栽培模式的基本要点是：以地膜为中心的矮、密、早配套技术。膜：以地膜为中心，以地膜弥补温度不足；矮：矮化栽培，控制植株高度；密：增加密度；早：采用早熟品种、早管理、促使早成熟。

五、播种后至出苗前的田间管理

棉花播种后到出苗这一段时间为棉花种子萌发出苗的过程。该过程中心任务就是:助苗出土、保全苗,为培育壮苗奠定基础。

(1)加压膜埂。播种后,没有及时在膜面上横向加压膜埂的地块应及时加埂,一般约 10 米加一条。与此同时,对未压好的膜头、膜边及膜上孔洞,及时加土压实。

(2)补种。播种后及时对漏播地段和条田四边无法机播的地段,进行人工补种。

(3)种植玉米诱集带。播种后人工及时在棉田四周种植 2～3 行玉米。玉米品种应选用其大喇叭口期与第一代棉铃虫羽化期相同的品种,便于诱集棉铃虫产卵,集中销毁。

(4)中耕。对土地板结和地下水位较高的棉田,播后及时中耕(图 12),中耕深度 12～15 厘米,中耕宽度以保证苗行有 8～10 厘米保护带为准。中耕器后带碎土器。要求中耕后土块细碎,地面平整。

(5)破除板结。播种后浇水或遇到雨,黏重的土壤易板结,应及时破除(图 13),注意防止伤芽。

(6)灌水。对于采用膜下滴灌先播种后浇水的地块,接好管线接头,及时滴水,灌水(肥料)要求是一膜二管给水 15～20 米^3/亩,一膜一管给水 25～30 米^3/亩,最好分两次灌溉。对于播种后墒情

图 12 出苗前中耕

人工作业 机械作业

图 13 破除板结

不好的土壤，应适量给水，以利于提高出苗率。

(7)及时放苗。采用先播种后铺膜的棉田，幼苗出土、子叶由黄转绿后即可放苗(图 14)。按要求的株距均匀放苗，或每穴放1～2 株。放苗时洞口要小，边放苗边封土，要求达到：封土一条缝，留够采光面，封好护脖土，穴口要封严。封土不能过多，否则会导致温度降低。采用“双模”播种时，要注意及时除去第一层膜，采用先铺膜后播种的棉田可能由于播种时种子错位、薄膜不平整、气温低、土壤板结等原因幼苗出土钻到膜下或出不了土，在这种情况下要及时放苗，以利于棉苗的生长。

人工放苗　　出土前黄芽　　正常出苗

图 14　人工放苗

六、苗期管理

棉花从出苗到现蕾需25～35天，这段时间叫苗期。在产量构成中，是决定株数的关键时期；保苗数也是决定产量的关键时期。

（一）苗期生长特点

苗期是以长根、长茎、长叶为主的营养生长阶段，并开始花芽分化。苗期地上部茎、叶生长缓慢，苗小，抗逆力弱，易遭受低温冷害或感染苗期病害。苗期根的生长较快，根是这一时期的生长中心。

（二）器官建成

1. 根系

棉花的根系为直根系，由主根和侧根组成，主根入土可达2米左右，侧根水平伸展可达50～80厘米。

从种子萌发到现蕾前，为根系形成的主要时期。从种子萌发到现蕾为根系发展期。棉子萌发后，胚根迅速伸入土内，发育成主根。此期棉苗以根系生长为中心，主根下扎速度明显快于地上部株高的增长。棉株现蕾时，主根入土深度近 80 厘米，上部侧根长度可达 40 厘米，水平伸展约 35 厘米，主要侧根位于地表以下 9～20 厘米深的耕作层中，株间根系已经交叉，行间根系开始相接。

棉苗生长和根系的发育均要求充足的光照、较高的温度和良好的土壤通气条件。棉苗对养分和水分的需要量少，但对肥水反应却十分敏感。在地膜覆盖条件下，根系分布较浅，应注意加强苗期中耕，以促进根系的下扎。建立强大的根系重要的措施之一是中耕，此措施也是棉农最容易忽视的问题，或者为了降低成本，减少中耕次数。

2.子叶与真叶

棉花有两片子叶，是棉子萌发出苗和棉苗三片真叶前棉株主要光合器官，所需养分的主要来源。子叶出苗展平以后，开始光合作用；真叶形成以前，子叶是主要的光合器官，其光合强度的高低、时间的长短对棉苗以后的生长发育有较大的影响。功能期约持续 30 天，存活 50～60 天。

棉花真叶为单叶、完全叶；第一片真叶的叶缘全圆，以后生长的各叶片具有不同程度的裂叶，其裂叶的数量取决于叶片的位置、生长发育的条件，最多为 7 片。棉花苗期真叶数依据品种、气候条件和栽培条件有一定的差异，早熟品种一般 4～5 片，中晚熟品种一般为 6～7 片；气温偏高、土壤水分较少时，苗期叶片数较少，相反叶片数较多。

3.分枝的形成

在棉花子叶和真叶的叶腋里，由叶芽发育形成分枝。此时形成的分枝为叶枝。由于顶端生长较快，而侧芽的生长受到抑制，发育较慢，在形态上不明显。

(三)栽培目标

在全苗的基础上,保证密度,保持土壤水分,提高土壤温度,促进根系发育,培育壮苗,促早发。壮苗的长势长相指标是:4 月下旬至 5 月初出苗,5 月下旬至 6 月初现蕾,株高 11~18 厘米,主茎日增长量为 0.7~0.8 厘米,果枝始节为 4~5 节,棉株敦实矮壮,茎粗节密,叶片平展,大小适中,倒四叶的位置为“4321”(图 15、图 16)。

图 15 棉花苗期状态

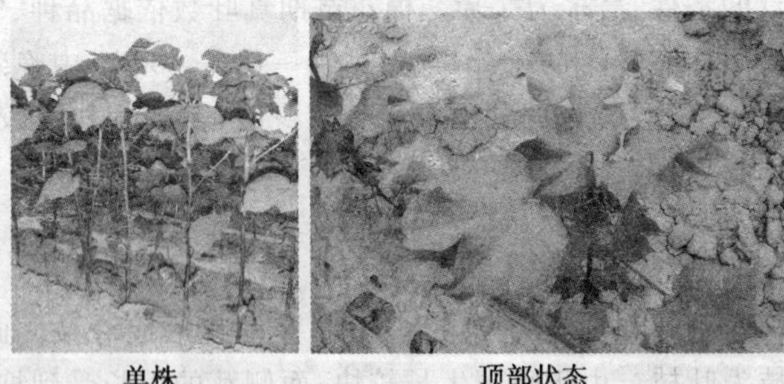

单株　　顶部状态

图 16 苗期壮苗

苗期管理措施主要体现在“早”上，重点体现在化控。棉花生长过程中，为控制植株高度，一般可用缩节胺(或矮壮素)调控。使用量及时间依据棉花的品种特性、棉苗的生长势、田间肥水状况而定；应遵循的原则是早、轻、勤、匀。

棉苗的数量是构成棉花产量的首要因素和限制因素，也是产量形成的基础。苗期的管理也决定其生长发育与现蕾的早晚。

苗期怕低温、土壤含水量过大、光照不足和土壤板结不透气。苗期的适宜温度为 20～30℃，低于 15℃棉苗停止生长，若温度下降到接近 0℃时就会发生冻害，时间过长，易导致死苗。特别是在两片子叶夹一片真叶的“二叶期”，如遇长期低温阴雨，就会大量死苗。适宜的土壤相对湿度为 55%～70%，适当低一些，利于根系下扎伸长，提高抗旱能力。如果低于 50%就会受旱，影响棉苗生长，植株小，发育慢，导致果枝数和蕾铃数减少。苗期棉花根系的生长与温度也有很大关系，一般地温以 18～24℃为宜。因此，苗期要尽量提高地温，力争不低于 18℃，这样幼苗的根系就能扎得深，发得开，吸收水肥能力也就强；反之，则幼苗根系发得慢、扎得浅，吸收水、肥能力也弱，在多雨的情况下，就会大量烂根死苗。

棉苗对光的敏感性很强，要有足够的光照才能壮苗、早发、增枝、现蕾。在两熟套种的棉田里，如果棉苗被荫蔽，光照不足，不仅影响光合作用，而且会助长幼苗争光上长，耗费大量养料，以致地下部分处于“饥饿”状态，根系发育不良，出现“弱苗、细苗、高脚苗”。可见，防止棉苗拥挤，改善套种棉田的光照条件是十分重要的。

(四)栽培管理措施及其技术要求

苗期管理目标：实现 4 月苗，达到“五苗”即苗全、苗匀、苗壮、苗键、苗齐的要求。做到“一适中”，即根据天气和品种特性适时、

适量化控。

1.中耕

中耕是苗期实现壮苗的重要措施。当棉苗现行时，应浅中耕(3～5厘米)，以提高地温，促进幼苗的生长，防止形成高脚苗，促进根系下扎。中耕次数与深度应灵活掌握。天旱苗小浅中耕，雨后土湿、黏土地湿度大、苗旺深中耕，雨后或浇水后土壤板结要及时中耕。中耕深度应由浅到深，中耕时应留10～15厘米的护苗带。

2.间、定苗

在气温稳定，病虫害轻的情况下，齐苗后间苗，2～3片真叶定苗。在气温变化大，病虫害多的情况下，齐苗后先疏苗，一片叶时间苗，三片叶时定苗。间、定苗要严格选留壮苗、大苗，拔除病、弱、虫、杂苗。高密度栽培缺苗在25厘米以上再考虑留双苗，尽量避免留双株。

3.化控技术

棉株株高日增量三叶前0.2～0.3厘米，三叶后0.5厘米左右，肥力较高、生长势较强的丰产田，对缩节胺反应不敏感的品种用量为0.5～1克/亩，同时加入磷酸二氢钾100～150克/亩。肥力较低的戈壁地，若生长缓慢，日生长量小于0.2～0.3厘米，应避免使用缩节胺，而使用喷施宝等促进植物生长的调节剂，同时加入磷酸二氢钾100～150克/亩喷施，不要喷施尿素，否则会推迟现蕾，而且果枝节位较高。

4.追肥与灌水

苗肥以早施、轻施速效性氮肥为主；土质肥沃，基肥中又增加

氮肥的棉田，苗期可不再施氮肥；旱薄地、盐碱地和未施基肥的棉田，均应早施苗肥。

棉花苗期需水较少，土壤水分不宜过多，一般在播种前灌溉过的棉田，苗期不必灌水，或推迟灌水。如遇干旱，可以小水轻浇或隔行沟浇，浇后要及时中耕保墒。南方棉区苗期多雨，必须做好清沟排渍工作。

5.病虫害种类及防治

苗期病害主要有立枯病，在多雨年份，猝倒病、角斑病会突然发生。虫害有棉蚜、地老虎、蓟马、棉红蜘蛛等。

(1)棉花立枯病。

病症识别：棉苗受害后，在近地面的茎基部产生黄褐色病斑，后变成黑褐色，并逐渐凹陷腐烂，严重时病部变细，病苗枯死或萎倒。子叶受害后形成不规则形黄褐色病斑，以后病部破烂脱落成穿孔状。成株期受害后，叶上产生褐色斑点，后脱落穿孔。土壤湿度偏大或多雨年份茎受害后，在茎基部形成黑褐色病斑，表皮腐烂后，露出条条木质纤维，严重的茎折断而死，茎的发病部位有时形成瘤状肿起(图 17)。

图 17　棉花立枯病

防治方法：

农业措施：合理轮作。与禾本科作物轮作 2～3 年以上。合理施肥，精细整地，增施腐熟有机肥。提高播种质量，春棉以 5 厘米深土温达 14℃时为适宜播期，一般播种 4～5 厘米深为宜。加强苗期管理，适当早间苗、勤中耕，降低土壤湿度，提高土温，培育壮苗。

药剂拌种：精选种子，用种子重量 0.5%～0.8%的 50%多菌灵，或种子重量 0.6%的 50%甲基托布津，或种子重量 1%的 40%五氯硝基苯，或种子重量 0.5%的 50%退菌特拌种。也可用种子重量 0.5%的五氯硝基苯＋福美双(或炭疽福美)拌种。

(2)棉花猝倒病。

病症识别：棉苗出土后，病菌先从幼嫩的细根侵入，在幼茎基部呈现黄色水渍状病斑，严重时病部变软腐烂，颜色加深呈黄褐色，幼苗迅速萎蔫倒伏。同时子叶也随着褪色，呈水浸状软化。高湿条件下，病部常产生白色絮状物，即病菌的菌丝(图 18、图 19)。与立枯病不同的是，猝倒病棉苗茎基部没有褐色凹陷病斑。

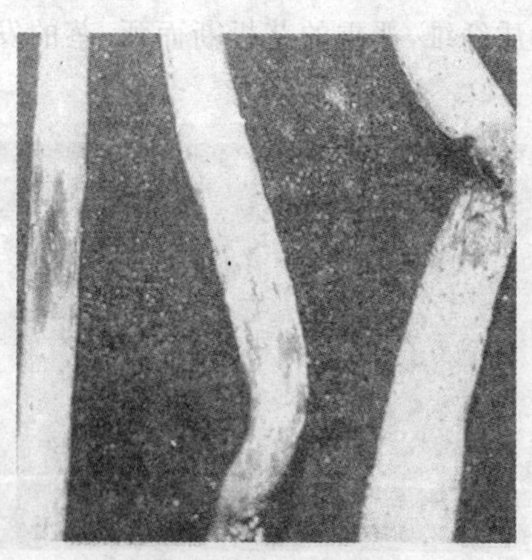

图 18　棉苗猝倒病幼茎症状

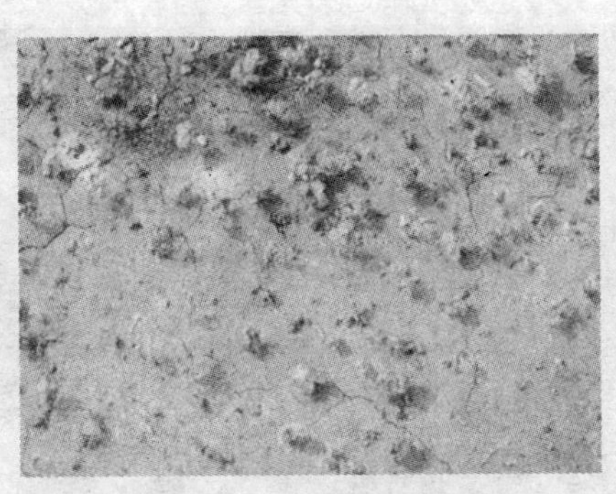

图 19 棉苗猝倒病病苗

防治方法：

农业措施：播前精细整地，降低田间湿度，适期播种，培育壮苗。

药剂防治：用种子量 0.2%的二氯萘醌拌种；也可用 40%乙磷铝 800 倍液，或瑞毒霉颗粒剂在播种时沟施；或用 25%瑞毒霉 3 000 倍液在苗期灌根防治效果也很好，而又以用瑞毒霉种衣剂效果较彻底。

(3)棉黑斑病(棉轮纹病)。

病症识别：苗期子叶或真叶发病时，叶面产生红绿色小点，随后逐渐扩展成 10～15 毫米的红褐色病斑，近圆形或不规则，无明显同心轮纹。天气潮湿时，病斑表面产生明显的黑色霉层(病菌的分生孢子)。子叶叶柄受害时，出现黑褐色条斑，常造成子叶脱落(图 20、图 21)。成株期叶片多为圆形或近圆形，有同心轮纹，病斑可干裂破碎，病叶枯萎脱落。

防治方法：

农业措施：精细整地，精选种子，提高播种质量。

药剂拌种：用种子重量 0.5%的 50%多菌灵或拌种灵拌棉种。

种衣剂拌种：用杀菌剂配置成种衣剂，配制成棉子的种衣剂，

图 20　棉黑斑病真叶症状

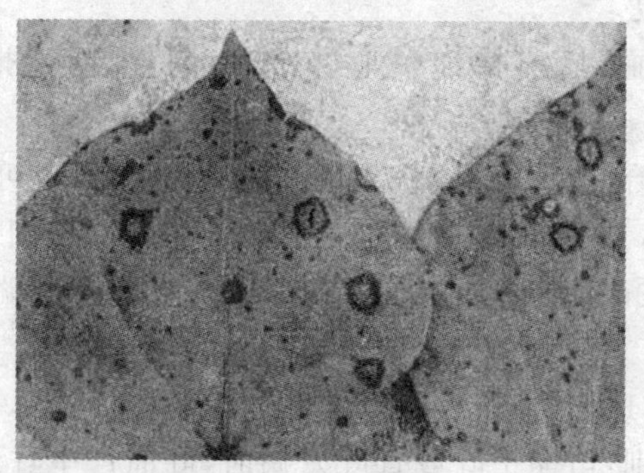

图 21　棉黑斑病子叶症状

用棉子重量 1%的种衣剂处理棉子后播种，对黑斑病和苗期棉蚜都有很好的防治效果。

(4)棉黑蚜(图 22)。

寄主：棉花、苦豆、苜蓿等。

为害特点：在棉苗上群集于嫩头、叶背，刺吸汁液，向背卷曲，植株矮缩呈拳头状，新叶发育受阻，推迟果枝形成。分泌唾液酶，分解植株营养，发育不良，排泄蜜露，易引起黑霉病，传播病毒病。

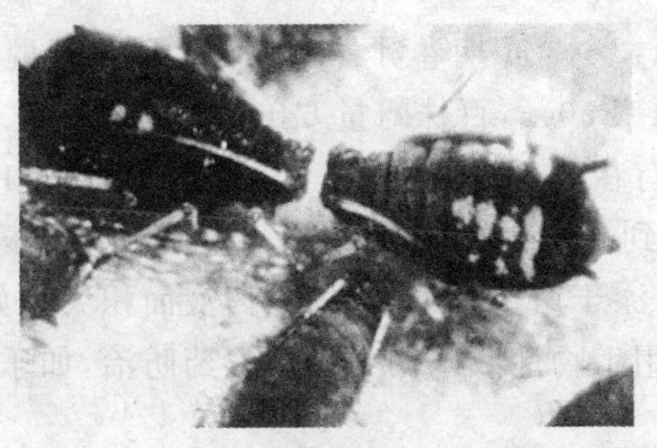

图 22 棉黑蚜

生活习性：以受精卵在土表 4～5 厘米的苦豆或苜蓿嫩茎及根茎部越冬。翌春气温升到 10℃以上时，越冬卵孵化为干母，全部进行孤雌生殖，继续在土表根茎上生活，成长后可营孤雌卵胎生，后代仍然是孤雌蚜，经繁殖 2～3 代后，在 4 月下旬至 5 月上旬产生有翅迁移蚜，迁到刚出土的棉苗上为害，孤雌卵胎生数代，产生有翅侨蚜，飞至其他棉株上，5 月下旬至 6 月上旬进入为害盛期。进入高温季节数量下降，部分在苜蓿上越夏，晚秋在苜蓿上产生雌蚜和雄蚜，交配后产卵越冬。气温 16～23℃适其发生，低于 16℃对有翅蚜起飞不利，高于 25℃繁殖受抑。天敌有蚜绒螨、蚜茧蜂、瓢虫、草蛉、食蚜蝇、蜘蛛等。

苗期蚜虫发生一般可以分为三个阶段：点片发生阶段，5 月上、中旬，迁入棉田；普发严重阶段，5 月下旬至 6 月上旬；衰亡绝迹阶段，6 月上旬、中旬，小麦成熟，大量天敌入侵。

防治方法：

农业防治：合理布局，间作，套种，条带种植，引招更多天敌；选择抗虫品种；合理施肥，不宜过多氮肥；拔除虫株，结合间苗、定苗操作。

化学防治：

播种期种子处理：药剂拌种。

防治指标：2～3 叶期卷叶株率 45%，百株蚜量 4 500 头；3 叶期以后卷叶株率 50%，百株蚜量 6 000 头。

①涂茎：有机磷杀虫剂 1 份 ＋ 聚乙烯醇 0.1 份 ＋ 水 5～6 份。水加热到 30～40℃时加入聚乙烯醇和有机磷杀虫剂，冷却后用毛笔蘸药涂于苗茎红绿交界处，药液面积大小如麦粒大。

②喷雾：用生物性或杀伤力小的农药防治，如乐斯本等。

（五）苗期易发生的气象灾害与补救措施

1. 干旱

5 月棉花处于幼苗期，需水量较小，只要采用中耕保墒就能满足棉花生长对水分的要求。6 月上旬高温少雨，而棉株即将现蕾，需水量增加，使棉田受旱影响较重。干旱严重时，将推迟现蕾期。可采取如下补救措施。

(1)超宽膜植棉，增加地面覆盖率，减少水分蒸发，保持土壤内的水分，充分供应植物生长发育需要。

(2)在棉田有旱情时，每 7 天喷施一次旱地龙，每亩用量为 100 克左右，减少植物本身蒸腾拉力造成的水分散失，增加植株的抗旱能力。

(3)推广节水精准灌溉技术，节约用水。滴灌、喷灌可节水，把节约的水用于受旱棉田，不但可缓解旱情，还起到了增产作用。

(4)开发利用地下水资源，及时解除旱情。

(5)选用抗旱品种。

2. 低温霜冻

棉花受低温危害的季节主要是春季。低温对棉花生长、产量的形成和棉花品质都会造成影响。

防御方法：注意天气预报，调整播种期；在霜冻来临之前组织农户在棉花、加工番茄地块四周堆积麦草、秸秆。在凌晨 3:00～4:00 焚烟，并要求间隔 10 米堆积一处。集体行动，统一焚烟。加强、加快中耕作物的中耕措施，提高地温，促进作物根系生长，防止低温造成的作物生理障碍和病害。影响严重的应及时补种。

3.大风危害

对受灾后（图 23）的棉田视受灾程度，在不同时间采取不同的救灾技术措施。

图 23　大风危害后田间状态

（1）重播：在 4 月 20 日前受灾的棉田，棉苗死亡率为 40％左右，可扫去原地膜上的土，调整播种机在原地膜上继续机播原品种。4 月 20 日以后受灾的棉田，棉苗死亡。重播棉田以促苗早发、快发、发壮苗为主攻方向制定技术措施。此类棉苗中后期易旺长，应按所制定的日增长量进行目标化调，防止旺长徒长。

（2）地膜人工复位：这种措施主要是针对播种后，种子没有出苗，地膜虽被吹起，但破损小，复位后，还可以起到增温保墒作用。其操作方法为在膜被吹起的地段将原膜床沟掏出；将吹起的地膜铺平，使膜孔与种穴相吻合；将膜边埋入沟内，用土将膜边

压紧；将膜孔及烂膜处用土盖好，增强地膜的作用，同时，可防止第二次刮风时地膜被重新吹起。

(3)人工铺膜：这一措施主要针对播种后，棉苗没有出土，被风吹起的地膜严重损坏，无法进行人工复位。其操作过程为：清理损坏的地膜；开出原膜床两边的沟，选用与原播种相同的地膜；将地膜展平，膜边压入膜床沟内，并盖土压紧膜边。

(4)将地膜中间压适量的土，切忌将土压在种行上。人工铺膜面积不能太大，应控制在10%以内，否则，在棉苗出土时，因劳力不足，放苗不及时，引起棉苗死亡或形成高脚苗。

(5)补种：棉苗死亡为10%～20%的棉田，进行人工补种即可。地膜被严重吹破的可揭膜重播，不严重的可人工补膜播种。播后立即灌跑马水或喷灌，以压沙、补墒、保证补种出苗，减少风沙危害。

(6)加强田间管理：主茎刮断，叶片被风吹破的棉苗，恢复生长后形成多头株，叶枝丛生。应加强去叶枝和整枝，促苗快发稳发。

4.冰雹危害的补救措施

棉花幼苗期受雹灾后(图24)可采取扒土出苗、借苗移栽、及时整枝、巧留双株，并及时松土等抢救方法，一般比翻种的产量高，品质好。

5.棉苗热害

地膜棉是新疆主要的棉花种植方式。当极端最高气温达31℃以上，部分地区的膜下棉芽、棉苗受到热害的危害。热害防御对策有：

(1)根据预报适期播种，尽量做到早播种、早出苗，在遇到高温之前有充足的时间及时将棉苗出膜。

图 24　冰雹危害后田间状态

(2)春季气温总的趋势是上升的，但经常有冷空气入侵，应注意天气预报，科学地掌握棉苗出膜的最佳时机。

七、蕾期管理

从现蕾到开花需25～30天，这一段时期称蕾期。蕾期是增果枝、增蕾数、搭丰产架子的时期。

（一）生长特点

棉花现蕾以后由营养生长转入并进生长阶段。棉株既长根、茎、叶、枝，又进行花芽分化和现蕾，但仍以营养生长占优势，以扩大营养体为主。棉花现蕾以前分化的16～17个花芽将发育形成伏前桃和伏桃，初蕾期分化的花芽形成伏桃和秋桃，盛蕾后再分化的花芽多为无效花芽。蕾期棉株根系迅速扩展，吸收能力提高，叶面积增大，光合生产力提高，干物质积累迅速增加，占一生总积累量的13%～16%。此时若氮肥供应过多，会使营养生长过旺，导致开花后中下部蕾铃大量脱落。若肥水供应不足，棉株生长缓慢，影响营养体的扩大和光合产物的积累，搭不起丰产架子，且易于早衰。

(二)器官建成

1.根系

蕾期是棉花主根和侧根生长盛期。该期主根每天可伸长2.5厘米,开花前可深达100～120厘米,侧根横向扩展约30厘米,但大量根系仍分布于10～25厘米土层内。开花前棉花根系基本建成。此时棉株生长速度加快,根系的吸收能力也不断增强。

2.主茎和分枝

(1)主茎:棉花的主茎是由节和节间组成的,主茎的生长包括节的分化和节间的伸长。主茎在苗期生长较慢,现蕾以后生长速度加快,从盛蕾期到盛花期主茎生长最迅速,特别是初花期是株高增长的高峰期,开花以后生长减慢。棉花一生中,前期应注重促控结合,有利于防止徒长。

(2)分枝:棉花主茎生长的同时,其腋芽发育形成分枝。分枝可分为叶枝和果枝(图25)。果枝是棉花主茎上直接着生蕾铃的分枝,叶枝是棉花主茎上间接着生蕾铃的分枝。果枝和叶枝的形态区别见表3。

图25 棉花分枝

表 3　棉花果枝与叶枝的区别

果　　枝	叶　　枝
直接着生蕾、花、铃	间接结铃，由叶枝的叶腋生出果枝，再结铃
与主干所成夹角大，近直角	与主干夹角小
合轴生长，果枝呈曲折状	单轴生长，斜直而上
发生在主茎中、上部	一般发生在主茎的中、下部

有时在肥水较充足的丰产田，在主茎上果枝的旁边长出小叶枝，称为赘芽；在主茎上果枝的旁边长出小果枝，称为椏果枝；在主茎上果枝的旁边长出无节间的蕾铃，称为椏果。一般叶枝和赘芽消耗养分量大，形成产量较少，还影响果枝的生长，一般生产中将它们除去。棉花主茎上子叶节以上，着生第一果枝的节，叫果枝始节。果枝始节与品种、栽培条件、气候条件等有关，既是早熟的标志，也能反映植株发育程度。北疆的早熟品种为 3～5 节，南疆种植的中熟品种一般为 4～6 节；若施氮肥较多、苗期温度高、种植密度大、播种期晚，果枝始节则高。

(3)果枝的类型：棉花果枝数具有遗传性，可以分为以下几种类型(图 26)。

图 26　棉花果枝类型

无限果枝：由多个果节组成，条件适宜时，可以形成多个果节。根据果节的长短又可以分为四种类型。

Ⅰ型:果枝节间长 2～5 厘米,株型紧凑。

Ⅱ型:果枝节间长 5～10 厘米,株型较紧凑。

Ⅲ型:果枝节间长 10～15 厘米,株型较松散。

Ⅳ型:果枝节间长 15 厘米以上,株型松散。

有限果枝:只有一个果节,节间较短,铃丛生于果节顶端。

零式果枝:一至多个铃柄直接着生于主茎节上。如新疆种植的新海 3 号为此类型。

新疆种植的陆地棉一般为无限果枝类型。由于无霜期短,适宜选用Ⅰ型、Ⅱ型果枝。有限果枝和零式果枝多为海岛棉。

3.叶

此阶段形成的叶片为主茎叶和果枝叶。主茎叶呈螺旋状互生排列在主茎上。果枝叶着生于蕾铃的对侧,其光合能力影响棉蕾铃的发育和产量的形成,生产中应注意保护。

4.棉花现蕾开花的规律

棉株不同的果枝、果节上,现蕾开花具有一定的顺序(图 27)。一般是以第一果枝的第一果节为中心,从下至上、由内至外呈螺旋状展开。纵向即相邻两果枝之间的相同节位上的蕾花,现蕾开花间隔的时间较短,一般为 2～4 天,称为纵间隔。同一果枝上,相邻两果节上,现蕾开花间隔的时间一般为 5～7 天,称为横间隔。现蕾开花规律也受环境条件的影响,温度低时间隔时间长,温度高时间隔时间短。一般中下部铃的纤维和种子质量较上部铃的质量好。据测定,上下相邻果枝,每增加一个铃吐絮,需≥10℃的积温 50℃左右;而同一果枝上相邻的两果节,每增加一个棉铃吐絮,需要积温 200℃左右。

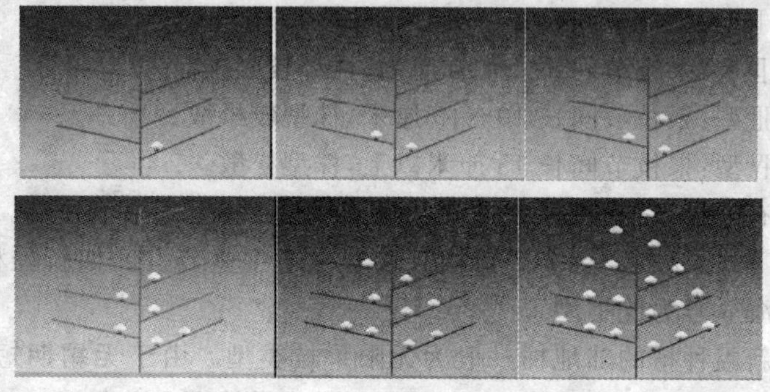

图 27 棉花现蕾开花规律

(三)栽培目标

棉花现蕾后,进入营养生长和生殖生长并进时期,但仍以营养生长为主。根、茎、叶的生长明显加快,花蕾的增长也逐渐加快。主根和侧根生长旺盛,其生长速度达到高峰。主根的增长速度仍比株高的增长速度快。此期仍是根系建成的重要时期。蕾期棉花吸收肥水数量也相应增加。

1. 蕾期的栽培目标

搭好丰产架子,实现增蕾、稳长。生产中,所要达到的长势长相指标是主茎红茎比,现蕾初期为 50%,初花期为 60%～70%;开花时植株高度为 35～40 厘米,主茎日增长量 1.0～1.5 厘米,倒四叶宽 10～12 厘米,单株果枝北疆 7～8 台、南疆 8～9 台,株型紧凑,节间短粗,叶片大小适中,蕾大、蕾多、开花早,一般南疆初花期为 6 月中下旬,北疆初花期为 6 月底至 7 月初。

2.蕾期壮苗

从现蕾至盛蕾期,株高日增量在1～1.5厘米,盛蕾至初花期,株高日增量达2～2.5厘米,至开花时,株高50～60厘米。红茎比则由苗期的50%增加到60%,且节间长度在3～4厘米比较适宜。果枝始节低(北疆4～5节,南疆5～6节),叶色油绿发亮,现蕾后2～3天长1台果枝,每1.5～2天长1个蕾(图28)。

图28 蕾期壮苗

3.蕾期弱苗

棉株现蕾后,植株仍比较矮小,株高日增量不足1厘米,茎秆细弱,叶片变黄,呈黄绿色,红茎比过大,果枝出生慢,一般3天以上才能长出1台果枝,现蕾速度慢,2天以上才能产生1个蕾,蕾小,脱落较多。

4.蕾期旺苗

在棉花蕾期株体高大，松散，茎秆红茎少，几乎为青绿色，节间长，一般都在5厘米以上。株高在现蕾至盛蕾期，日增量超过1.5厘米，盛蕾至开花，株高日增量超过3厘米，叶片肥大，向上窜，现蕾速度慢，蕾小，下部1～2台果枝往往只长1个小蕾，且易脱落。

5.与产量的关系

蕾期是形成花蕾数量和质量的重要时期，是棉铃形成的基础，花蕾的数量为丰产奠定基础。

（四）栽培管理措施及技术要求

目标：早现蕾，实现5月蕾，蕾多蕾大的丰产长相。

“一促”：不宜早浇水、多浇水，不宜多施肥，促进棉花的早发育现蕾，形成良好的地下、地上长势长相。

“一搭”：搭好丰产的架子。

1.中耕及揭膜

蕾期深中耕是实现增蕾稳长的重要措施。蕾期中耕2～3次，中耕深度应灵活掌握，墒情差、长势弱的棉田，中耕宜浅，以利于保墒；墒情足、长势旺的棉田，中耕宜深，以控徒长。中耕深度10～15厘米，灌头水前，中耕结合追肥、培土进行，培土以利于地面灌溉和后期防倒伏。

在浇头水前1周，结合最后一次中耕，将地膜揭除（图29），并对膜下宽行进行中耕，便于施肥浇水。揭膜时应在中午进行，防止对棉苗的损伤。注意揭膜时间不宜过早，否则不利于控制田间的杂草；滴灌地块此时不适宜揭膜，一般在收获进行残膜回收。

图 29 中耕揭膜

揭膜时应注意事项:揭膜要在晴天进行;揭膜后及时培土,防止表层水分蒸发,造成棉田缺水;揭膜后及时浇水,使土壤水分上下接通,满足根系下扎;及时除草,以防揭膜后大草泛滥。

2.化控技术

"叶龄模式"调控技术:在 7～8 叶龄期,每亩用 0.5 克缩节胺进行第一次化控,16～17 叶龄期,每亩用量 1.5～2.0 克,20～21 叶龄期,每亩用量 2～3 克。

全程化调技术:分别在盛蕾期、初花期和盛花期使用缩节胺等生长调节剂。

新疆棉区生长期短,推行"密、矮、早"栽培模式,蕾期化学调控十分重要,在苗期使用缩节胺的基础上,正常生长的棉田一般现蕾初期、盛蕾期至初花期使用缩节胺控制株高,用量分别为 1.5～2 克/亩和 3～5 克/亩;结合喷施缩节胺可加入磷酸二氢钾 200～300 克/亩;肥水较低的戈壁地或施肥水平较低的地块,红茎比超过 70%时,则可以降低其使用量;有衰退趋势的棉田,即红茎比超过 80%,甚至到达顶部,叶片偏小,叶色变黄,在现蕾初期应用喷施宝等生长促进剂,促使棉株生长,搭起丰产的架子,在浇头水之前,根据田间的长势长相、气候条件和品种特性喷施缩节胺,防止徒长。

3.去叶枝

棉花现蕾后，将第一果枝以下的叶枝幼芽及时去掉，可以减少营养消耗，改善棉田通风透光，去叶枝应保留果枝以下的2～3片叶，它们对根系提供有机养料有一定作用。弱苗则不需去叶枝。生长过旺的棉田，为抑制营养生长，防止徒长，可将果枝以下的枝叶全部抹去，称“脱裤腿”。在缺苗处保留1～2个叶枝，可充分利用空间，多结铃。

4.追肥浇水

蕾期追肥(图30)的时间和数量，要根据苗情、土壤肥力和总追肥量来决定。施肥量应占追肥总量的1/3，一般在浇头水之前施尿素10～15千克/亩，磷酸二铵5～6千克/亩。蕾期叶面喷硼、锌等微肥，有利于增产。

图30 施肥开沟

蕾期灌水的原则：缺水即灌。一般在浇足底墒水的基础上，持水能力较高的丰产田，头水可推迟到初花期再浇，有利于蹲苗。据研究结果，应掌握0～60厘米土层内的含水量保持在田间持水量的55%～60%为蹲苗的适宜水分，低于55%，表示缺水，即应小水沟灌，以维持棉株正常生长为度，切忌大水漫灌。

目前，新疆建设兵团推广棉花滴灌技术，将滴管铺设在膜下，采用一根毛管灌4行棉花的配置，具有很好的节水效果。

为了便于节约用水、均匀灌水，在没有条件采用膜下滴灌的田块，可以采用软管滴灌（图31）。

软管滴灌　　地面沟灌　　膜下滴灌

图31　几种不同的灌溉方式

5. 摘除早蕾、调节结铃模式

生产上，伏前桃所处的位置易霉烂，晚秋桃又成熟不好。这类桃多了，并不能实现高产优质。据中国农业科学院棉花研究所等单位协作研究的结果，优质高产棉花的最佳结铃模式是，集中多结伏桃和早秋桃，不要或少要伏前桃和晚秋桃。根据棉花具有无限生长习性和结铃补偿能力强的特性，在棉花早发的基础上，采用人工或化学方法除去下部1～4台果枝4～8个蕾，可以使棉株营养生长加快，营养体增大，现蕾数和成铃数增多。结果亩铃数、铃重均超过常规栽培法，一般增产皮棉10％～20％，品级也提高0.5～1级。去早蕾技术适用于无霜期较长的棉区，以及采用地膜覆盖或育苗移栽的早发棉田，还要注意重施花铃肥，遇旱及时灌水。必要时需喷洒缩节胺，以控制徒长。

新疆特早熟棉区由于积温和无霜期的限制，不宜采用此方法，否则棉花生长与发育推迟而影响正常成熟；宜采用促使早现蕾、早结铃、早吐絮的模式，提高产量与品质。

6.病虫害种类及防治

蕾期主要害虫有棉蚜、棉铃虫、盲椿象、金刚钻、玉米螟、红蜘蛛等，主要病害有棉花枯萎病、棉花黄萎病等。应注意做好防治工作。提倡选用生物农药或植物性杀虫剂。

(1)棉铃虫

识别要点：成虫体长14～18毫米，翅展30～38毫米，灰褐色。前翅具褐色环状纹及肾形纹，肾纹前方的前缘脉上有二褐纹，肾纹外侧为褐色宽横带，端区各脉间有黑点。后翅黄白色或淡褐色，端区褐色或黑色。卵约0.5毫米，半球形，乳白色，具纵横网格。老熟幼虫体长30～42毫米，体色变化很大，由淡绿色、淡红至红褐色乃至黑紫色，常见为绿色型及红褐色型。头部黄褐色，背线、亚背线和气门上线呈深色纵线，气门白色，腹足趾钩为双序中带。两根前胸侧毛连线与前胸气门下端相切或相交。体表布满小刺，其底座较大。蛹长17～21毫米，黄褐色。腹部第5～7节的背面和腹面有7～8排半圆形刻点，臀棘钩刺2根(图32)。

棉铃虫成虫

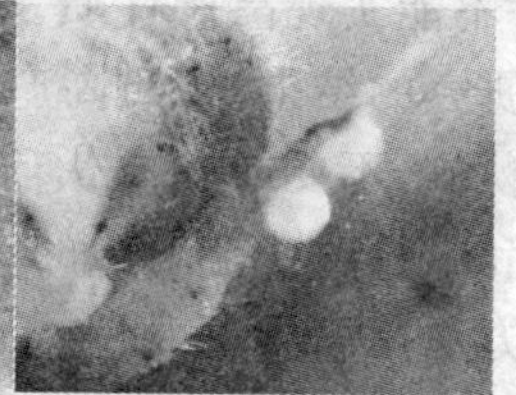
棉铃虫卵

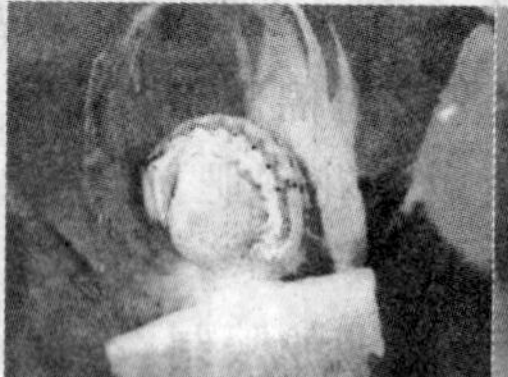
棉铃虫幼虫及为害蕾

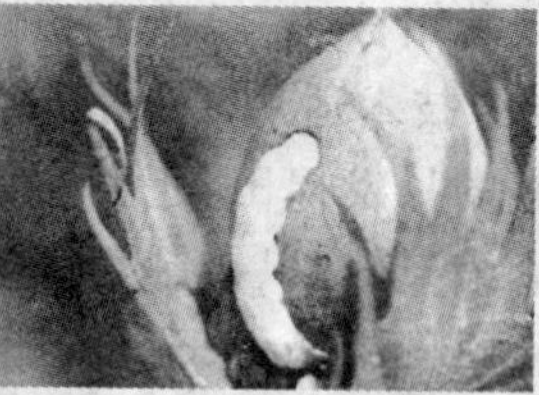
棉铃虫幼虫及为害棉铃

图32 棉铃虫

防治方法：

①加大秋翻冬灌的力度，降低棉铃虫的越冬基数，开春解冻之后进行铲埂除蛹工作。

②加强棉花田间管理，使棉花群体均匀，长势健壮，可调整棉花—害虫—天敌之间的相互关系，达到控害养益保高产的目标。

③针对棉铃虫卵散产，有强烈的趋嫩性这一特点，结合棉株打顶、打群尖消灭其上的卵粒，打下顶芽可带出田外深埋或销毁。

④实施杨树枝把诱蛾、灯光诱蛾、种植诱集植物、糖醋液诱蛾等措施（图 33），对控制棉铃虫的种群数量及减少为害效果显著。1～3 代棉铃虫蛾盛期（5 月 15 日前后，7 月 5～25 日，8 月初至 8 月下旬），每日傍晚开高压汞灯诱杀。杨树枝把诱蛾用于 2～3 代棉铃虫蛾盛期，日落放把，日出前收蛾。

糖醋液诱蛾　杀虫灯

杨树枝把诱蛾　种植诱集带

图 33　棉花诱杀害虫

⑤合理轮用杀虫机理不同的各类型杀虫剂。2～3代可轮换使用不同类型的有机氯、有机氮(拉维因、灭多威)、菊酯类(溴氰菊酯)、有机磷或生物制剂,也可诱杀。

⑥种植抗虫品种也是防治棉铃虫最经济有效的关键技术。抗虫品种是一种广义的生物防治方法,可代替或减少化学农药的使用,避免和减轻农药引起的残毒和环境污染。

(2)棉叶螨

识别要点:棉叶螨在新疆主要有以下几种。

朱砂叶螨:雌成螨体长0.48～0.55毫米,宽0.32毫米,椭圆形,体色常随寄主而异,多为锈红色至深红色,体背两侧各有1对黑斑,肤纹突三角形至半圆形。雄成螨体长0.35毫米,宽0.2毫米,前端近圆形,腹末稍尖,体色较雌螨淡。卵球形,直径约0.13毫米,淡黄色,孵化前微红。幼螨3对足,若螨4对足,与成螨相似。

土耳其斯坦叶螨:雌螨体长0.54毫米,宽0.26毫米,体卵形或椭圆形,黄绿色。须肢端感器柱形,端感器较背感器长。气门沟末端呈"U"形弯曲。后半体背表皮纹菱形。各足爪间呈3对针状毛。雄螨小,体长0.33毫米,阳具柄部向背面形成1个大型端锤。其近侧突起钝圆,远侧突起尖利。端锤背缘在距后端1/3处具一明显角度。卵圆球状,黄绿色(图34)。

截形叶螨:雌成螨体长0.5毫米,体宽0.3毫米,深红色,椭圆形,颚体及足白色,体侧具黑斑。雄成螨体长0.35毫米,体宽0.2毫米。阳具柄部宽大,末端向背面弯曲形成一微小端锤,背缘平截状,末端1/3处具一凹陷,端锤内角钝圆,外角尖削(图34)。

防治方法:

①农业防治。收获后及时清除残枝败叶,集中烧毁或深埋,进行翻耕。冬春要清除田间及沟、渠边的杂草,以推迟、控制、减少棉叶螨的发生与为害。

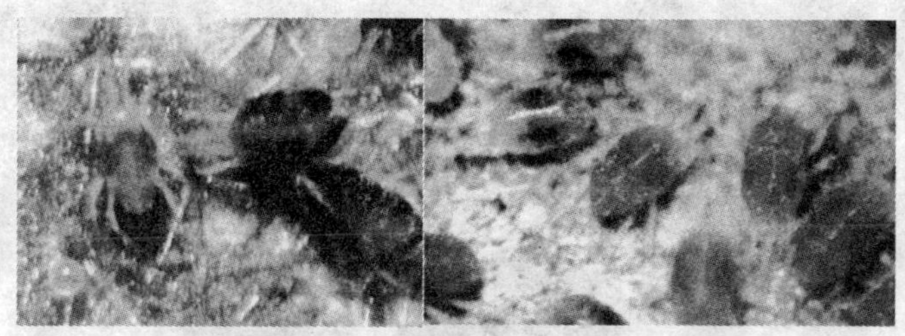

截形叶螨　　土耳其斯坦叶螨

图 34　棉叶螨

②注意监测虫情，发现少量叶片受害时（图 35），及时摘除虫叶烧毁。

图 35　棉叶螨为害状

③药剂防治。有 2%～5% 叶片出现叶螨，每片叶上有 2～3 头时，应进行挑治。大发生情况下，主要采取化学防治，可以采用杀螨剂防治。

④生物防治。有条件的可释放捕食螨（图 36）、草蛉等天敌，注意选择抗药性天敌。

图 36　捕食螨治螨

(3)棉蚜

识别要点:夏型(生物型),体型小,黄色,耐高温。7～8 月为害严重,有时每株可达万头以上。9～10 月,棉花吐絮期为害严重。繁殖 1 代需 4～5 天,每头雌蚜可繁殖后代 60 头左右。

棉花伏蚜是棉花苗期蚜虫繁殖的后代,伏蚜在入伏以后开始为害棉花,危害性远比苗期蚜虫的危害性要大得多,伏蚜排出的油状排泄物沾满棉花的叶子,降低叶面功能,妨碍光合作用的正常进行,阻碍养分的运输,致使棉花嫩叶卷缩,从而使棉花蕾铃脱落(图 37)。因此,抓好对伏蚜的防治,是争取多产、早产伏桃的重要措施。

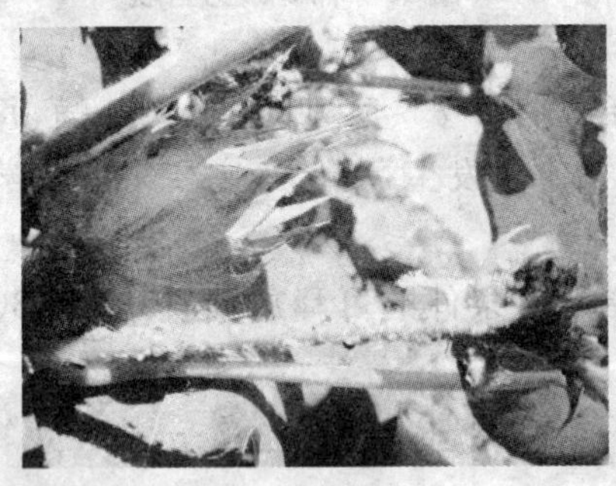

图 37　棉蚜为害

防治方法：

把握防治时机。棉花伏蚜通常是潜伏在棉花下部叶片上的无翅蚜向上部叶片、顶尖、枝干爬迁，而上部的无翅蚜向下或周围爬迁。当无翅蚜虫蔓延到棉花全株，使全株营养趋于恶化，无法满足无翅蚜的生长需求时，就产生有翅蚜向外迁飞扩散，这种恶性循环对棉花为害极重。所以防伏蚜的时间应该在无翅蚜由下向上部迁爬产生有翅蚜之前，棉田有 5%～8%的棉叶卷缩就是防治的最好时机，时间应在 7 月上、中旬。

防治药剂。35%赛丹乳油 1 500 倍液、20%灭多威乳油、44%丙溴磷乳油 1 500 倍液、40%灭抗铃乳油 1 200 倍液、43%辛·氟氯氰乳油 1 500 倍液、20%好年冬乳油 1 000 倍液(伏蚜)。

熏蒸。在棉田已经封垄、底部叶面上的蚜虫防治困难的情况下采用熏杀，会取得较好的效果。其做法是：每亩用丁硫克百威 1 千克＋水 1 千克，喷在 1 千克的麦糠上拌匀，在无风的中午或傍晚，一半撒在地面，一半撒在棉株上。

(4)棉花枯萎病

识别要点：棉花感染枯萎病后，由于生育期及气候条件的不同，常表现出不同的症状类型(图 38)。

①黄色网纹型：病苗从叶缘或叶尖开始，叶脉褪绿变成黄白色，而叶肉仍保持绿色，呈现黄色网纹状斑块，可扩大到整个叶片，最后干枯脱落，棉苗死亡。

②紫红型：病苗子叶或真叶部分或全部变成紫红型，叶脉多呈现紫红色，随着病情发展，叶片枯萎脱落，棉苗死亡。

③黄化型：病苗从子叶或真叶边缘开始局部或全部变黄，最后叶片萎蔫，干枯脱落。

④青枯型：叶片突然失水、变软下垂，叶色稍显深绿，最后病株青枯干死，但叶片不脱落。

⑤矮缩型：棉株现蕾前后，顶部叶片可能发生皱缩、畸形，叶片

棉枯萎病病叶（黄色网纹型）

棉枯萎病病株（紫红型）

棉枯萎病病株（黄化型）

棉枯萎病病株（青枯型）

棉枯萎病病株
（左矮缩型病株，右健株）

棉枯萎病和棉黄萎病混生型病株

图 38 棉花枯萎病病症

暗绿变厚，棉株节间缩短，病株比健株明显变矮，但不枯死。

⑥萎蔫型：株型无明显变化，但叶片迅速失水，萎蔫下垂，有的叶片逐渐脱落，形成光秆。

不论是哪种症状类型的病株，剖开其根、茎或叶柄后，木质部导管变褐色是其共同特征。

防治方法:棉花一旦发生枯萎病就难以防治和消灭。因此,首先要严禁病害传入,对病区应进行综合治理。应采取"保护无病区,消灭零星病区,控制轻病区,改造重病区"的防治策略。

①保护无病区。我国棉区有2/3左右为无病区,保护无病区十分关键。

植物检疫:严格执行植物检疫制度。病区棉种严禁外调,禁止由病区调入带菌棉种、棉子饼和棉子壳,坚决保护无病区。

建立无病留种田和保种基地,生产无病棉种。

②种子消毒处理。对外调的棉种或有怀疑的棉种,都应用硫酸脱绒和药剂消毒处理。

硫酸脱绒:将1千克粗硫酸加热到110～120℃,倒入装有10千克棉子的陶瓷缸或瓦盆内,边倒边搅约10分钟,至棉子外的短绒脱净,变黑发亮,随即将棉子移入清水中冲洗到水色不显黄,水味不显酸,再将棉子晾干播种。

402药液温汤浸种:缸内装65℃左右的热水100千克,再加入50 mL 80%的402抗菌剂,搅匀,倒入硫酸脱绒的棉种40千克,药液温度在55～60℃之间,浸闷半小时后捞出,可直接播种或晾干后备用。

多菌灵浸种:用含有效成分0.3%～0.4%的多菌灵药液,在常温下浸棉子12～14小时,也能消灭种子内外的病菌。

(5)棉花黄萎病

识别要点:棉花现蕾后才出现症状,棉株中下部叶片的叶缘和叶脉间产生淡黄色不规则斑块,扩大为黄斑,而后变褐色呈掌状斑驳,叶片边缘稍向上卷曲,严重时全株枯死,但叶片一般不脱落。棉花在结铃期,每逢大雨过后,可出现一种急性黄萎,叶片主脉间产生水浸状淡绿色斑块,叶片很快萎蔫下垂(图39)。棉枯萎病和黄萎病可在同一田块混合发生,二者的区别有如下6点:一是枯萎病在苗期可严重发生,蕾期是发病盛期,而黄萎病在蕾期才开始发生;二是枯萎病常自顶端向下发展,而黄萎病则是从下部先发病,

再向上扩展；三是枯萎病可表现矮缩，叶片变小变厚、皱缩，黄萎病则无这些变化；四是枯萎病叶脉可变黄而呈现为网纹状，黄萎病叶脉为绿色，主脉间叶肉变成黄斑块状；五是枯萎病早期便可落叶形成光秆，而黄萎病落叶少，又多在后期；六是病株的根、茎和叶柄剖开后，枯萎病株的导管为深褐色，黄萎病株的导管为浅褐色。田间还经常见到枯萎病和黄萎病发生在同一株上（图 38），或以枯萎病为主，兼生黄萎病，或以黄萎病为主，兼生枯萎病，均称为同株混生型。以枯萎病为主的混生型病株，主茎及果枝节间缩短，株型常丛生矮化，病株大部分叶片皱缩变小，叶色加深或呈现黄色网纹的典型枯萎症状；同时，在植株中、下部叶片上呈现掌状的黄色斑驳及枯死斑的典型黄萎症状，剖视维管束、导管明显地变为褐色或黑褐色。以黄萎病为主的混生型病株，大部分叶片呈现块状斑驳或掌状枯死斑的典型黄萎症状，但顶端叶片皱缩，叶色加深，个别叶片有时也呈现黄色网纹的典型枯萎症状，导管变为淡褐色或褐色（图 40）。

棉黄萎病初期病叶　　棉黄萎病中期病叶　　棉黄萎病病株

图 39　棉花黄萎病

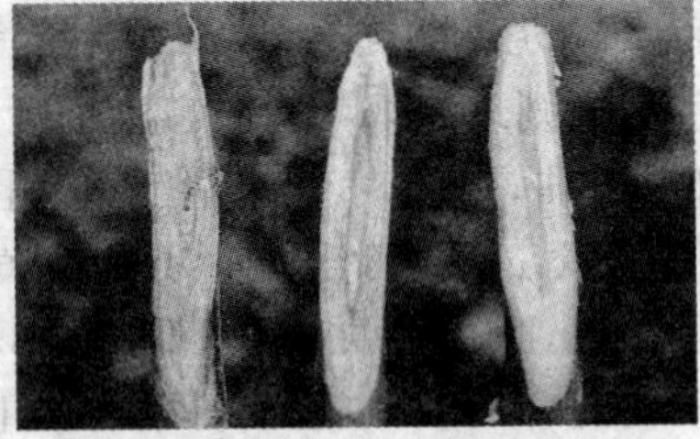

图 40　棉茎剖面

（左棉枯萎病，中棉黄萎病，右健株）

防治方法:推广种植抗病优良品种。其他防治措施参照棉枯萎病的防治。

(五)蕾期易发生的气象灾害与补救措施

1.冰雹后的棉田管理

(1)改种。受灾棉田的改种标准:棉田雹灾后损失随受灾程度加重而增大,也随受灾时间的推迟而加大。因此,对受灾棉田的改种标准应从受灾时间和受灾程度两方面来考虑。光秆绝收型田块,不论何时受灾,一般都应改种其他作物。如果受灾较轻且较早,则可重新移栽;受灾严重的田块,如受灾时间较早可不改种,套种或插种一些其他作物,增加棉农收入。受灾田块,则应采取各种补救措施,加强管理,努力减轻损失。

(2)及时扶苗清沟理墒。由于雹灾常伴有暴风雨,灾后棉花除有严重的机械损伤外,还常发生倒伏和田间积水现象,因此应及时扶苗,疏通三沟,排水降渍,改善棉田环境条件。

(3)受灾棉田其他田间管理:

①科学整枝。灾后整枝成为雹灾棉最重要的应变措施之一。主茎被打断的棉株,应选择 1~2 个优势叶枝,去除其他叶枝和赘芽;主茎未被打断的棉花,也要及时除去叶枝和赘芽,同时适当推迟打顶、封边心时间。

②施肥。以“少吃多餐”为宜。棉株灾后能否及时恢复生长,减少损失,其关键的措施就是灾后及时追肥。要增加施肥次数,减少每次用肥量。要适当推迟花铃肥的施用时间,增加花铃肥用量,增施长桃肥。

③化学催熟。棉花灾后,晚秋桃比例增多,加之施肥增加,常会出现贪青迟熟现象,必须进行化学催熟。催熟时间也要比正常

田块适当推迟，保证棉铃成熟，提高棉花品质。

2. 水涝后的棉田管理

（1）因田制宜，搞后灾后棉田改种补种。涝灾后，针对部分棉田棉株全部死亡和严重缺株死苗的情况，为了充分利用光能和地力，弥补灾害损失，必须抢时间在有效生长季节内改种、补种早秋作物。

（2）及时抢排棉田积水，突击扶理棉株，促进棉花灾后恢复生长。灾后追踪调查结果表明，及时排水和扶理的棉株恢复生长快，产量损失小。

（3）科学追施恢复肥，满足棉花灾后生长需要。棉田淹水受涝后，一方面土壤中养分流失大，另一方面棉株根系受伤，吸肥能力差，体中"饥饿"，亟需采取"水伤肥补"措施。各地实践证明，涝灾后补肥宜采取叶面喷肥和根部追施相结合的办法。叶面喷肥可用尿素、磷酸二氢钾、多元微肥、生化调节剂等混合喷施，3 天喷 1 次，连续喷 3～4 次，促进恢复生长的效果十分明显。

（4）搞好松土壅根，为灾后棉花恢复根系活力创造良好的土壤环境条件。棉田在排水后 1 周左右要及时松土壅根，增加土壤的通气性，改善土壤理化性质，有利于棉花恢复生长。

（5）适当推迟打顶时间，有利于增枝、增节、增桃。受淹棉株大部分蕾铃脱落，生长高峰相对推迟。为了增加棉花顶部果节量，提高秋桃成铃率，打顶时间要比常年适当推迟 4～6 天。但打顶过迟，反而会造成脱落率增加，单铃重降低。涝灾后棉株的打顶时间应以 8 月 10 日为下限。

3. 干旱后的棉田管理

（1）把握抗旱指标，坚持主动抗、及时抗。在抗旱时，必须以土壤含水量为依据，以棉株的生理、形态及气象条件为参考。在棉田土壤含水量低于17%时，对棉株生长会产生一定的影响，应及时抗旱。抗旱既要防止贻误抗旱时机，造成棉株受旱过重，又要防止抗旱泗水与降雨重叠，影响抗旱效果，甚至造成棉田积水等现象的发生。

(2)坚持速灌速排。综合各地的抗旱经验表明，棉田抗旱不宜在白天阳光直射下进行。一般应在傍晚6时以后灌水，次日清晨排清。高温季节应推迟在晚8时以后灌水，以防止棉田小气候骤变，造成不应有的蕾铃脱落。灌水方法要坚持沟灌，切忌大水漫灌，要坚持速灌速排，确保抗旱效果。每次灌水量应保证湿润根系层土壤，以满足棉花各生育期需要为标准，一般蕾期要浸润40～60厘米，花铃期要浸润60～80厘米，成熟期要浸润50～60厘米，其灌水量蕾期20～30米^3/亩，花铃期30～50米^3/亩，成熟期30米^3/亩左右，灌水量宜小不宜大。

4.风沙灾害后棉田管理

(1)及时中耕追肥。为了促使受害棉株尽快恢复生长，在风沙侵害后7～10天棉株基本复生长后及时中耕，每亩施尿素5～8千克。盛蕾初花期每亩追施尿素5千克，磷肥5～8千克。盛花结铃期追施尿素45～75千克。

(2)合理灌水。由于风沙侵害后的棉株抗逆性较差。因此，除受害棉田土壤沙性大缺水严重外，一般受灾棉田切忌灾后灌水。但要提前灌头水，一般比正常棉田提早5～7天进头水。

(3)适时化调。风沙侵害后的棉田要有一个恢复生长的时期，前期生长较慢。一般以促为主，多喷施叶面肥、生长素等。在二水前看苗势用缩节胺每亩3～4克，控制上部节间生长。打顶后倒一果枝伸长5～7厘米再进行一次封群尖的化控。

(4)打顶时间。要比正常棉田提前2～3天，在8月10日开始去除无效花蕾，保证养分供应，争取获得棉花高产。

八、花铃期管理

(一)花铃期生长特点

从开花到棉铃吐絮的这一段时期称为花铃期,一般 50～60 天。花铃期是决定棉花产量的关键时期。

花铃期是棉株的营养生长和生殖生长并进期,也是棉花一生中生长最快的时期。初花期仍以营养生长占优势,盛花期以后,营养生长逐渐减弱,生殖生长逐渐占优势。盛花期开花量占一生总开花量的 60%～70%,营养生长和生殖生长矛盾尖锐化,是容易引起棉株徒长和早衰的时期。只有通过调节,使营养生长和生殖生长协调,才能形成较多的有效铃,获得棉花高产优质。此阶段是棉花一生中需肥水最多的时期,耗水量占总需水量的 45%～65%,需肥量占总需肥量的 70%以上。

(二)器 官 建 成

1. 花

棉花的花为单花,由雌蕊、雄蕊、花冠、花萼、苞叶等五部分组成。一般新疆种植早熟棉花类型，在两片真叶时开始进入花芽分化。一朵花从分化到开花历时 40～50 天，从现蕾到开花历时25～30 天。开花授粉适宜的温度为 20～30℃，气温高于 35℃则受精不良，引起大量脱落。

新疆棉花种植区，由于气候条件（年际间积温和无霜期）的差异，各地区热量条件变化较大，留的果枝数应保证有 85％以上的成熟。一般南疆棉区留 9～11 台果枝，北疆棉区留 7～9 台果枝。在具体操作过程中，还应考虑品种、栽培环境等诸因素。

2. 棉铃

（1）棉铃的发育（图 41）：棉花子房受精后发育形成的果实叫棉铃，俗称棉桃。一个棉铃自开花到吐絮所经历的时间称为铃期。新疆陆地棉铃期一般为 50～70 天，海岛棉铃期为 70 天以上。棉花铃期的长短与温度有关，一般≥15℃的积温越高铃期越短，发育较早的棉铃，其铃期较短，品质较高。棉花开花后 10 天以内形成的直径小于 2 厘米的棉铃，叫幼铃；棉花开花后 10 天以上形成的直径大于 2 厘米的棉铃，叫成铃。

棉铃的发育大约经历体积增大、棉铃充实和脱水开裂三个阶段。

体积增大期：棉花开花受精后 20～30 天，体积增大并达到最大值。此时纤维伸长，棉铃呈肉质状，青色，铃壳较薄，内含水量较高，鲜嫩多汁，富含蛋白质、糖分，此时易受害虫咬食。

棉铃充实期：经历 20～30 天。此时养分大量转向种子和纤维，干物质急剧增加，含水量下降。由于纤维素的含量重大，田间密度大，湿度大，通风透光差，易受病菌的危害，造成烂铃，形成僵瓣棉。

脱水开裂期：养分积累已基本结束，体内大量形成乙烯，促使棉铃脱水开裂，棉铃进一步脱水，铃壳继续张开，直到干枯向外翻

图 41 棉铃发育过程

卷，棉瓤蓬松，种子和纤维才完全成熟。一般历时 5～7 天。在肥水较充足，特别是氮肥多时，铃期会延长；相反则会缩短。

（2）棉花的“三桃”及其意义：棉花由于结铃早晚不同，影响生长发育的环境条件也不同，其品质也有一定的差异。一般北疆在 7 月 10 日之前、南疆在 7 月 15 日之前形成的成铃为伏前桃；北疆在 7 月 10 日至 8 月 10 日、南疆在 7 月 15 日至 8 月 15 日形成的成铃为伏桃；北疆在 8 月 10 日以后、南疆在 8 月 15 日以后形成的成铃为秋桃。伏前桃、伏桃和秋桃统称为“三桃”。早结伏前桃是棉花早熟、稳产的标志，但所占比例较小，一般为 10%～20%；伏桃是构成产量的主体，由于生长发育处于良好的环境条件下，生长期长，所占的比例较大，一般为 60%～70%；形成一定数量的秋

桃，是稳长而不早衰的标致，一般所占比例为10%左右，如所占比例过大，会造成晚熟，霜后花比例增多。霜前花是指枯霜后3～5天以前吐絮的棉花纤维，霜后花是指枯霜后3～5天以后吐絮的棉花纤维(图42)。

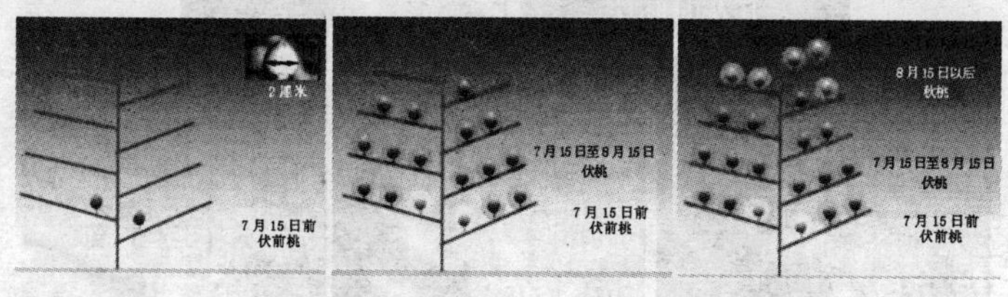

图42 棉花“三桃”的形成

3.纤维的发育

一个棉铃有4～5个室，吐絮后每室中有一个棉瓤，其中有9～11个棉子。棉子及其上的纤维统称为子棉，子棉脱下的纤维称为皮棉，皮棉占子棉的百分数称为衣分。一般陆地棉的衣分为30%～45%。百粒子棉上的皮棉重称为衣指，用克表示。

一根棉纤维是一个单细胞，是由种子表皮向外突出伸长而形成的。其形状呈扁管状，成熟后有许多时左时右的扭转，称为捻曲，是棉纤维特有的性状。

在棉铃发育的同时，棉纤维也随之发育，一般对应的分为三个阶段(图43)。

(1)伸长期：相当于棉铃体积增大期。一般开花后3天内隆起的生毛细胞发育良好，可以形成长纤维；4～10天内隆起的中途停止生长形成短纤维(陆地棉不足16毫米，海岛棉不足20毫米)或短绒(长度不足3毫米)。

(2)加厚期：纤维的加厚与伸长几乎是同时进行的，主要是纤维素沉积在初生胞壁上，形成具有日轮的次生胞壁，其厚度是影响

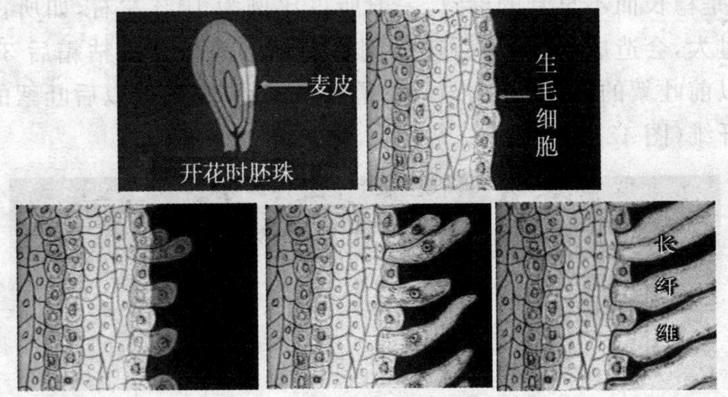

图 43　棉纤维形成过程

衣分和纤维强度的主要因素，一般用成熟度表示。成熟度是指纤维细胞壁加厚的程度，其为原棉定级的综合性指标，多用成熟系数表示，即为中腔可见宽度与两腔壁厚度之比。

(3)转曲期：大致相当于棉铃开裂至充分吐絮。由于纤维脱水而发生捻曲。

4. 根系吸收高峰期

开花后棉花根系进入吸收高峰期。该期主、侧根生长开始减慢，到后期生长基本停止，主要根系虽已入土深达 40～80 厘米，但大量活动根系仍分布于 10～40 厘米土层内，横向扩展可达 40～70 厘米，子侧根和根毛大量滋生，根系网已基本建成，棉株地上部生长旺盛，从而形成根系吸收矿质养分和水分的高峰期。

5. 叶的生长

棉株开花以后，主茎叶片数目不再增加，随着果节的增节，仅有部分果枝叶片的形成。此时叶面积系数达到最大值，光合能力最高，效能最强。要求叶色青绿，叶片大小适中、上举，利于田间通风透光，减少脱落。

6.棉花蕾铃脱落规律

蕾铃脱落是棉花生长中的普遍现象，一般脱落率占60%～70%，有的可高达80%以上，对产量影响较大。

(1)落蕾与落铃的比例：一般落铃高于落蕾，比例为6∶4。铃的脱落主要是幼铃，由于蕾铃在发育过程中，养分竞争力弱，而导致脱落。

(2)蕾铃脱落的日龄：棉蕾脱落从现蕾到开花期间都会发生，一般是现蕾后10～20天内的蕾脱落多。棉铃脱落相对较集中，大多在开花后3～8天，尤其是在开花后3～5天最集中，占脱落总量的60%～70%。开花后10天的铃脱落很少。

(3)蕾铃脱落的部位：一般下部果枝及内围果节脱落少，上部果枝及外围果节脱落多。

(4)蕾铃脱落的时期：棉花开花前脱落少，开花后脱落多，盛花期达到高峰，以后又减少。

(5)蕾铃脱落与种、品种的关系：一般陆地棉脱落率较高，海岛棉脱落率较低。脱落率的高低与品种之间也有一定的关系，结铃性强的品种脱落率较低，相反则高。

棉花蕾铃脱落规律还与栽培条件、植株的长势长相、病虫害及气候条件有关。

蕾铃脱落的原因：①生理原因。生理原因主要是因为有机养分不足、激素比例变化。凡是影响棉花生长的外界因素，如高温干旱、肥水过大、土壤含盐量较高等，影响到光合作用，进而影响棉花蕾铃脱落。②病虫危害。③机械损伤。

保蕾保铃的主要途径：棉花蕾铃脱落是由诸多因素造成的。生产中要把防止蕾铃脱落和保蕾保铃有机结合起来，采取综合措

施,协调好营养生长与生殖生长的关系、个体与群体的关系、地下与地上的关系,以及有机养分运输、分配与外界环境条件的关系,实现"壮苗早发,不旺不衰",使有机养分运向蕾铃,及时供应肥水,合理密植,做好化学调控、整枝工作,综合防治病虫害,减少中后期田间作业次数,预防自然灾害,从而可以降低棉花蕾铃脱落率,提高产量。

(三)栽培目标

花铃期的栽培目标:促进棉株健壮,长出足够的果枝和果节,充分延长结铃期,提高成铃率和铃重。控制棉株贪青晚熟和早衰。

花铃期的长势长相指标:盛花期前后主茎叶龄 13～16,主茎日增长量为 0.8～1.0 厘米。打顶前倒四叶宽为 9～13 厘米,株高北疆棉区为 50～60 厘米,最高不超过 65 厘米,南疆棉区为60～70 厘米,最高不超过 75 厘米。果枝台数北疆棉区为 8～10 台,南疆棉区为 9～12 台。株型紧凑,茎秆下粗上细,果节短而且上举,叶片大小适中,叶色一致,棉铃多而大。实现 6 月花、7 月桃(图 44、图 45)。

花铃期主要是棉铃的形成与发育阶段,其数量的多少、棉铃的发育程度直接关系到产量水平和纤维品质。

入伏前窄行封垄

田间正常封垄状态

图 44 棉花壮苗田间状态

初花期　盛花期　打顶前壮苗顶部

图 45　花铃期壮苗

（四）栽培管理措施及技术要求

肥水齐攻、协调，肥要足，水要够，适时停止施肥供水；促使早开花、多开花，早坐伏前桃、多结伏桃；抓好化控，控制营养生长和株型；早打顶，形成丰产长相。

总体要求：一是苗情分类管理，对旺苗以水控、肥控、化控、整枝为主，合理安排进水时间，严格控制进水量；在化控上，分两次进行，即第一次用缩节胺 5～6 克/亩，第二次 7～8 天后用缩节胺8～10 克/亩，或根据棉花生长状况增加或减少使用量，保证上部果枝有效成铃，严防中上部果枝过度伸长。二是对壮苗的管理要适时进水，严防受旱、缺肥造成棉铃脱落，力争做到壮苗高产。三是对弱苗的管理，坚持一水一肥，坚持水肥齐攻，对补种、重播、密度大的棉花，株高控制在 55～60 厘米之间，力争做到弱苗不减产或少减产。四是做好打棉顶工作的复查，确保顶、群尖漏打率在 3%以内。

1. 中耕

棉花开花以后根系再生力弱，故中耕不能深，次数也不宜多。

灌溉棉区在蕾期没有施肥的地块，追肥前破膜，进行深中耕，破除中层板结，结合最后一次中耕，进行追肥和开沟培土，以便灌溉。在旱区或降水较少易干旱不能人工补水的地区，可在重施花铃肥后，在棉花行内覆盖秸秆，既可保墒、防止土壤板结，又可弥补棉田有机肥之不足；还可增加棉田二氧化碳浓度，提高光合速率。

2.化控技术

生长正常的棉株，初花期每亩用缩节胺 2 克，结铃期每亩用 3～4 克，兑水喷雾，以控制后期无效果枝、赘芽生长，促进蕾铃发育。贪青旺长的棉花，还可以增加喷雾次数，适当加大用量。夏季高温季节最好在上午 10 时以前和下午 3 时以后喷施，以防药液蒸发干燥，影响吸收，降低药效。

新疆由于种植密度大，生长正常的棉株，初花期、打顶后和盛花期分别用缩节胺 5～8 克/亩，同时加入磷酸二氢钾 200～250 克/亩，兑水 25～30 千克，进行叶面喷雾。

3.追肥浇水

(1)施肥：重施花铃肥是争取桃多、桃大，不早衰的关键措施。一般掌握在棉株基部坐住 1～2 个成铃时施肥为宜。以速效氮肥为主，用量占追肥总量的 1/2～2/3，一般施尿素 15～25 千克/亩，磷酸二铵 5～8 千克/亩，在缺钾肥的棉田中，加入 3～4 千克/亩的硫酸钾肥。土壤瘠薄、前期长势弱的棉田，在蕾期施肥的基础上，轻施肥，防止营养生长过强，而形成“高、大、空”，一般施尿素 10～15 千克/亩。土质肥、旺长的棉田，可适当晚施、少施、深施(穴施或开沟施)，一般施尿素 15～15 千克/亩，磷酸二铵 5 千克/亩左右，加入 3～4 千克/亩的硫酸钾肥。

(2)灌水：花铃期棉花生育旺盛，叶面积指数和根系吸收都达高峰，需水量最大。如果田间持水量低于 55%，不仅影响肥效的发挥,而且产生乙烯的量大大增加,从而导致蕾铃大量脱落,铃重减轻,产量降低。在黄河流域和长江流域由于雨季到来,一般不需要灌水,但要注意排水。有伏旱的地区和年份,应适量灌水,避免灌水太多,灌水太多或灌后遇雨常引起蕾铃大量脱落。但是在西北内陆干旱或地下水位较高的地区,要减少灌水量和灌水次数。此期田间相对持水量应保持在70%~80%。6月底7月初上头水,头水后每隔15天灌一水,二、三水要灌足灌好。最后一水,北疆在8月15日以前灌完,南疆8月20日以前灌完,否则会使棉花贪青晚熟,霜后花增多。

4. 棉花整枝

(1)摘心(打顶)(图46)。适时打顶,改变棉株体内营养物质运输分配方向,使养料运向生殖器官,有利于多结铃,增加铃重。若打顶过早,上部果枝过分延长,增加荫蔽,妨碍后期田间管理,减少有效果枝数,影响总铃数,且赘芽丛生,徒耗养料;打顶过迟,上部无效果枝增多,消耗的养料多,反而减轻早秋桃的铃重。正确的打顶时间,应根据气候、地力、密度、长势等情况决定。棉农的经验是:"以密定枝,以枝定时;时到不等枝,枝到看长势。"一般棉田每亩总果枝数达到18万个左右时打顶较为适宜。

机械打顶

人工打顶

图46 打顶方法

新疆特早熟棉区在常年长势正常的情况下，一般北疆棉区在7月10日前后打顶结束，南疆棉区在7月15日前后结束。应掌握7月10日(15日)前轻打、打小顶(即一叶一顶)，反对大把揪。同一块田打顶应分次进行，先打高，后打矮。晴天打顶有利于伤口愈合。

(2)抹赘芽。土壤含氮水平高，过早打顶或棉盲蝽象为害，均会促使赘芽丛生，不仅徒耗养分，且影响棉田通风透光，应及早抹净。但生长正常棉株的主茎和果枝上的腋芽，在光照和养分充足的条件下，也能分化发育成桠果，应予以保留。

(3)打边心。可以改变果枝顶端优势，控制棉株横向生长，改善通风透光条件，使养料集中，提高铃重，减少烂铃及病虫为害。在棉株长势不旺、无荫蔽的棉田，不必打边心。

(4)剪空枝、摘除无效蕾。立秋后剪去无蕾铃的空果枝，可以改善棉田通风透光条件，提高棉花光能利用效率。同时，应摘除8月中旬以后长出的无效蕾(图47)。

单株　　群体

图47　终花期田间状态

新疆棉区由于种植密度较大，每个劳动力管理的面积大，除采用打顶措施外，均采用化控的措施控制生长。

5.病虫害种类及防治

(1)棉花铃部病害(图 48)

图 48 棉花铃部病害

1.棉铃曲霉病 2.棉铃黑果病 3.棉铃疫病 4.棉铃软腐病 5.棉铃红粉病 6.棉铃红腐病 7.棉铃炭疽病

①识别要点

炭疽病：棉铃受害初期产生暗红色或褐色小斑点。小斑点逐渐扩大后呈圆形绿褐色病斑，表面皱缩，略凹陷，有时病斑边缘呈明显的暗红色。潮湿条件下，病斑迅速扩展，产生橘红色黏稠物质。

疫病：多发生在棉铃基部及尖端。病斑初期呈暗绿色，水渍状，迅速扩展至全铃呈黄褐色，深入铃壳内部呈青褐色，病铃表面生有白色至黄白色霉层。

红腐病：多以铃尖、铃壳裂缝或铃基部发生。病部初呈墨绿色、水渍状小斑，病斑扩展至全铃而呈黑褐色腐烂，并在裂缝及病部表面产生粉红色霉层。

黑果病：病铃黑色而僵硬，不易开裂，铃壳表面密生许多小黑点状的分生孢子器，并布满黑色煤状物。病铃内棉絮变黑而僵硬。

红粉病：棉裂缝处产生粉红色的霉层。其病的霉层厚而疏松，色泽较淡。铃壳内产生淡红色粉状霉（分生孢子梗及分生孢子）。

软腐病：又称黑霉病。多在铃壳缝隙处发生。病斑梭形，褐色或黑褐色，略凹陷，边缘红褐色，表面产生白色短毛状物，每根短毛顶端生一小黑点（孢子囊）。剥开病铃，内部呈湿腐状。

曲霉病：铃壳缝隙处或虫孔处产生黄绿色、黄褐色的粉状霉，严重时可深入棉絮使其变质。

茎枯病：受害棉铃初生黑褐色小斑。病斑扩大后使全铃呈黑褐色腐烂，并在病部产生许多小黑点状的分生孢子器。

②发病因素

气候：结铃吐絮期间，阴雨连绵，田间湿度大，促进铃病发生。

虫害：蕾铃期害虫严重的棉田烂铃率较高。

棉花的种与品种：种和品种间铃病发生程度有一定差异，一般亚洲棉的铃病较陆地棉轻。同一棉种的不同品种间发病轻重也有差异。

栽培管理：氮肥施用过量或过迟，棉田郁蔽度大、积水、排水不良，大水漫灌或泼浇后的棉田的棉铃发病重。

③防治方法

避免连作。多年连作的老棉田由于病原积累，发病较重，这是普遍存在的现象。

深耕。深耕能降低土壤湿度,并促使病残体腐烂分解,减少侵染源,从而降低烂铃率。

选用适宜品种。应注意选择叶片大小适中、果枝夹角较小、株型呈塔形的品种,减少下部的遮荫,能有效地减少烂铃。

合理搭配株行距。根据棉田条件,确定适宜的株行距,增强田间通风透光。

科学施肥。氮、磷、钾肥要合理搭配施用,能减轻铃病的发生。氮肥过多,或磷钾等肥料不足,可能会降低棉株的田间抗病性。

适度化学调控。根据棉花品种的特点进行适度的化学调控,可控制棉花的高度和封行时间,改善通风透光,对减少烂铃有一定的效果。

及时排水。棉田积水造成湿度过大,可造成烂铃。因此,对于棉花生产中后期雨水较多的地区,要做好棉田水利基本建设,平整土地,排灌配套,在棉花初花期要及时开沟培土,以利于迅速排出渍水,降低田间湿度。

及时整枝打杈。中后期及时去掉棉枝下部的老叶、叶枝、空果枝及边心,能提高棉田的通风透光性,减少病菌对棉铃的为害。

及时摘除烂铃。田间烂铃应尽早摘除,这样不但能减少病原体再侵染,而且及时摘下晾晒铃表感病而棉絮完好的病铃,也能减小烂铃造成的损失。

综合防治棉铃虫。棉铃虫钻柱棉铃,病菌沿蛀孔侵染棉铃,也易引起烂铃。种植抗虫棉,采取农业、生物、化学等综合防治措施,能有效地减少虫害,防止烂铃。

(2)其他病虫害:识别与发生规律见蕾期病虫害种类及防治。

(五)花铃期易发生的气象灾害与补救措施

1.低温冷害

近几年,北疆棉花已打顶完毕且正处于大量结伏桃时期的7月底至8月初,北疆棉区出现了低温连阴雨天气。该天气过后,北疆大部棉区棉田上部叶片萎蔫,部分呈开水烫浸状,继而叶片发红枯黄,大量花和幼铃脱落,并且虫害严重、盐碱地、长势差和受旱严重的棉田这种现象尤为严重,严重影响了棉花的产量和品质。

(1)低温连阴雨天气过程的主要特点:

气温急剧下降且下降幅度特别大。北疆主要棉区气象台站2～3天内日最高气温从36℃左右下降到17～18℃,日最高气温下降幅度都在17℃以上,这是有气象记录以来所没有过的。

低温维持时间长且低温强度大。从历史气象资料来看,此阶段降温天气过程较长,且强度较大,北疆主要棉区的极端日最低气温在14.0～15.6℃,对棉田吐絮影响较大。

过程降水量大且持续时间长。北疆主要棉区过程降水量在12.1～38.9毫米之间,连续下了4天,几乎没有中断过,连续降水量历史同期最大值为27.7毫米,此次为30.5毫米。

持续多日无日照。北疆主要棉区7月29～31日连续3天,日照时数为0 h,这也是历史同期所没有的。

(2)减少灾害影响方法:有效防治病虫害;选用适合本地区生态条件的品种;加强管理技术提高抗逆能力。

九、吐絮期管理

（一）生 长 特 点

从棉铃开始吐絮到收花结束的这段时间称为吐絮期，持续50～60天，吐絮期是决定铃重和纤维品质的关键时期。

生育特点和栽培目标：吐絮期棉株营养器官生长逐渐减弱，生殖器官生长也逐渐减慢，棉株体内有机营养的分配几乎90%以上供给棉铃生长。

（二）栽 培 目 标

养根护叶，促早熟，成熟充分，吐絮顺畅，提高棉纤维品级，防止棉株早衰、贪青和烂铃，达到“绿叶托白絮，小叶大桃”的要求。

吐絮期壮苗：吐絮时间北疆为8月底，南疆9月初，青枝绿叶托白絮，叶绿脉黄不贪青；棉株老健清秀，顶部果枝平伸，叶色褪淡，棉铃充实，吐絮畅（图49）。

吐絮期弱苗：①吐絮期早衰棉株，形态特征为顶部果枝伸展不平，上部花弱，桃瘦，脱落严重，叶色褪色早，叶黄叶薄，落叶早；上部棉铃小，不充实，不能正常吐絮。②水控弱株型，吐絮期水分

群体　　单株

图 49　田间正常吐絮状态

过多淹苗，其形态特征为棉株遭淹水后，根系腐烂，吸收机能减弱，下部叶片枯黄脱落，中、下部蕾铃脱落严重，仅上部结少量棉铃，且铃小，铃瘦，品质差，产量低。③吐絮期空秆型棉株，形态特征为主茎细弱，茎秆青绿，节稀，节间长，棉株中下部脱落严重，变成为空秆，仅上部坐几个晚桃。

吐絮期旺苗：①贪青迟熟型，植株高大，茎秆青绿，红茎比例小，叶色深绿，铃壳厚，铃期长，吐絮不畅。②赘芽丛生型，称为二发苗，形态特征为吐絮期再次生长，赘芽丛生，田间荫蔽，通风透光不良，虫害重，脱落与烂铃增加，铃期延长，产量和品质受到严重影响。这种状态的棉田主要是由于棉蓟马为害后或自然灾害危害以后形成的多头棉。

（三）栽培管理措施及技术要求

1. 灌排水

吐絮期由于气温逐渐降低，叶面蒸腾强度减弱，对水分的要求也逐渐减少。但此时水分不足，不仅会造成幼铃大量脱落，甚至迫使棉株早衰，降低铃重和绒长、衣分，对产量和品质影响很大。当连续干旱10～15天，土壤含水量低于田间最大持水量的55%时即应灌水。但水量宜少，以免土壤水分过多，造成贪青晚熟，增加烂铃。如遇秋雨较多，要及时清沟排渍，降低田间湿度，防止烂铃和贪青迟熟。

2. 根外喷肥

肥力不足棉田可在吐絮初期根外喷施1%尿素、0.2%磷酸二氢钾溶液，对增加铃重有一定作用。施肥量不能过多，否则会造成贪青晚熟。

3. 整枝和“推株并垄”

吐絮后，枝叶繁茂荫蔽的棉田，要及时打赘芽，打老叶和剪除上部空果枝，改善棉田透光通风条件。同时可采取“推株并垄”方法，趁墒将相邻两行棉花分别向左右两边推开，使棉株倾斜，以增加光照，促进棉铃早熟。

4. 化学催熟与脱叶

对于贪青晚熟的棉田，喷洒乙烯利可使已熟未裂或接近成熟的棉铃加快成熟和开裂，提早吐絮7～10天，提高霜前花的比重。乙烯利的喷洒时间，一般在当地枯霜来临之前20天左右，有效棉铃的铃期在40天以上。喷洒浓度以500～1 000毫克/升，使用量以40～50千克/亩为宜。乙烯利在20℃以上才能在植株体内分解，产生乙烯，所以应在20℃以上气温条件下喷施。

5. 防治虫害

主要虫害有棉铃虫等螟蛾科害虫，应及时防治，防治方法见蕾

期和花铃期病虫害种类及防治。

(四)吐絮期易发生的气象灾害与补救措施

1.秋季初霜冻

新疆初霜冻一般出现于9～10月期间，北疆比南疆早1个月左右。各地初霜冻出现日期最早和最晚之间相差1(北疆)～1.5个月(南疆)。霜冻危害使棉株叶片脱落，棉铃停止生长，棉纤维停止填充。

初霜冻的防御对策措施有：

(1)根据天气预报，调整安排棉花生产，争取初霜冻前棉花成熟。

(2)用整枝、去叶、打杈等方法促早熟。

(3)霜冻前一天或当天给农田灌水，可提高气温1～3℃，效果较好。

(4)加强田间管理，多施肥，高垄播种，深松土，增强植株抗寒性。

(5)应用柴草熏烟防霜有悠久历史，但在燃料不足的地区不宜采用。甘肃省庆阳试制成功CHN化学发烟剂，经过多年的实践，取得了较好的效果。

(6)可用麦草、岌岌草、粪土、草席、草木灰等原料，在霜冻来临前进行覆盖，一般厚度为2～3厘米，增温可达3～5℃。

(7)施用土面增温剂，喷洒乙烯利催熟剂，可使棉花抗低温，加快纤维的发育过程，有催熟、增产、提高品质的良好作用。

十、棉花的收获以及残膜回收

(一)棉 花 收 获

收花(图 50)是保证丰产丰收和优质棉纤维的重要环节。新疆棉区从 8 月底棉花开始吐絮,一直延续到 10 月中下旬才结束。收花期间日照较充足,但低温降霜限制了棉铃的生长。必须注意适时收花,以提高棉花优质高产。

人工收获

机械收获

图 50　田间收获

1. 收花时期

棉铃的正常开裂是生理上成熟的外部征象。过早摘花,铃壳内养分便不能完全转移到纤维中,使铃重下降、纤维成熟度变差,

强度降低;过晚摘花,受光氧化时间过长,纤维则收缩变短、变脆,强度变弱,色泽变差(黄、灰)。一般可将棉铃裂嘴后6～7天作为采摘的工艺收获期。在生产上遇雨时,必须在雨前抢摘,实际生产上可安排每7～10天采摘一次。收摘应选择晴天晨露干后进行。

2.收花要求

由于棉株不同部位的棉铃成熟时期和纤维品质不同,收摘时必须把好花、次花区分开来,以保证优质棉优售优价。生产中要求分收、分晒、分轧、分存、分售。同时还要做好防止火灾等工作。

(二)地 膜 回 收

追肥浇水前未揭膜的地块,收获结束后,应及时清除地膜,减少对土地的污染(图51)。

图51　田间残膜

1.地膜回收中存在的问题

(1)头水前揭膜。目前农民对地膜污染的危害有一定的认识,但他们的长远观念差，注重当年效益，忽视长远利益，推广人工揭膜比较困难，即使部分回收，也不彻底。推广头水前揭膜是减少地膜污染的有效途径。

(2)头水前揭膜与推广滴灌节水技术相矛盾。近几年新疆大面积推广膜下滴灌，头水前揭膜后滴灌管道裸露在外，水分蒸发过大造成干旱，使棉花滴水周期缩短 3～4 天。所以，滴灌棉花头水前揭膜已被否定。常规灌溉的棉田可以提倡头水前揭去地膜，揭膜后必须及时灌水，否则由于水分蒸发过大造成干旱，影响作物正常生长，揭膜时必须配合除草或喷洒除草剂抑制杂草生长。

(3)棉花收获后揭膜时间紧任务重。棉花收获完毕时间已经很晚，接着要秋翻秋耕，残膜来不及人工捡拾就被翻入耕层。来年春播紧张，土地耙平后就要抢墒播种。秋末、初春虽然可以安排劳力捡拾残膜，但天气情况给人工回收残膜造成一定困难。

(4)机械回收残膜的困难。由于地膜太薄，强度差，加上土地中的作物残茬、杂草太多，地膜与土壤的亲和力较强，在土壤湿度较大时，膜土难以分离，膜下滴灌技术给苗期收膜造成了困难。

(5)宣传力度不够。农民没有认识到不揭膜对产量的影响。因此，没有把人工揭膜列为必不可少的一道生产工序。同时缺少相应的经济政策鼓励回收和利用残留地膜。目前，没有专门的法规来约束和防止地膜污染的产生，因而不能采取有效措施开展清理回收工作。

2. 残膜回收方式

(1)头水前收膜机：其代表机型有 4TSM24 型悬挂式收膜机、CSM2130B 型齿链式收膜机、4TM24 型悬挂式收膜机、MSM23 型苗期收膜机等。

(2)作物收获后收膜机(图 52)：这类机具是在作物收获后、犁地前回收地表残膜。此时薄膜老化、破碎严重，加之受到作物茎秆

和回收时间的限制，残膜回收难度较大，尚覆盖在地表，未被翻入土中，对机械收膜有利。秋后残膜回收机主要机型有4FS2地膜联合回收机、4QMZ23.0清膜整地联合作业机、弹齿式残膜回收机、1FMJ2850型残膜回收机、4J-SM21800型残膜回收机等。目前较为理想的是新疆农科院农机化所研制的4J-SM21800棉秆还田及残膜回收联合作业机。该机由茎秆粉碎机和地膜回收机两部分组成，能一次完成茎秆粉碎和地膜回收两项作业；但该机结构复杂，使用可靠性偏低，单机成本过高，推广受到了限制。

图52 收获后残膜回收机

(3)收获后人工清除残膜（图53）：适合于种植面积较小或人工管理面积小、劳力充裕的地区应用。

3.播前搂、扫残膜机械

代表机型新疆农六师芳草湖农场鲍柏洋研制的22-6型播前地表残膜回收机，可将棉田中的残膜、棉秆、杂草一起收集起来，可以取代人工清洁田园解决春季劳动力不足问题。该机由200型15千瓦以上动力小四轮半悬挂。整机设计科学，结构简单，使用方便，成本低，一般专业户都买得起，适合于基层连队的推广普及与应用。残膜回收率达到80%以上，日工效300亩，平均每亩可

图 53　人工清除残膜

收回表土残膜 1.2 千克左右。

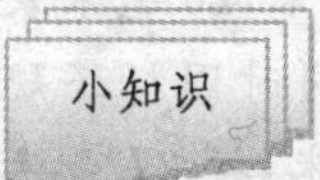

小知识

1. 棉花分类

根据棉花物理形态的不同，分为子棉和皮棉。棉农从棉棵上摘下的棉花叫子棉，子棉经过去子加工后的棉花叫皮棉，通常所说的棉花产量，一般指的是皮棉产量。

根据加工用机械的不同，棉花分为锯齿棉和皮辊棉。锯齿轧花机加工出来的皮棉叫锯齿棉；皮辊轧花机加工出来的皮棉叫皮辊棉。皮辊棉生产效率低，加工出来的棉花杂质含量高，但对棉纤维无损伤，纤维相对较长；锯齿轧花机加工出来的皮棉杂质含量低，工作效率高，但对棉花纤维有一定的损伤。目前细绒棉基本上都是锯齿棉，长绒棉一般为皮辊棉。

2.棉花的分级

棉花分级是为了在棉花收购、加工、储存、销售环节中确定棉花质量，衡量棉花使用价值和市场价格必不可少的手段，能够充分合理利用资源，满足生产和消费的需要。

棉花等级由两部分组成：一是品级分级，二是长度分级。

(1)品级分级：一般来说，棉花品级分级是对照实物标准(标样)进行的，这是分级的基础，同时辅助于其他一些措施，如用手扯、手感来体验棉花的成熟度和强度，看色泽特征和轧工质量，依据上述各项指标的综合情况为棉花定级，国标规定，三级为品级标准级。

(2)长度分级：长度分级用手扯尺量法进行，手扯纤维得到棉花的主体长度(一束纤维中含量最多的一组纤维的长度)，用专用标尺测量棉束，得出棉花纤维的长度。各长度值均为保证长度，也就是说，25 毫米表示棉花纤维长度为 25.0～25.9 毫米，26 毫米表示棉花纤维长度为 26.0～26.9 毫米，依此类推。同时国标还规定，28 毫米为长度标准级；五级棉花长度大于 27 毫米，按 27 毫米计；六、七级棉花长度均按 25 毫米计。

(3)品级分级与长度分级组合，可将棉花分为 33 个等级，构成棉花的等级序列(表 4)。如国标规定的标准品是 328，即表示品级为 3 级，长度为 28.0～28.9 毫米的棉花。

表 4 棉花等级分类

长度(毫米)	一级	二级	三级	四级	五级	六级	七级
31	131	231	331	431			
30	130	230	330	430			
29	129	229	329	429			
28	128	228	328	428			
27	127	227	327	427	527		
26	126	226	326	426	526		
25	125	225	325	425	525	625	725

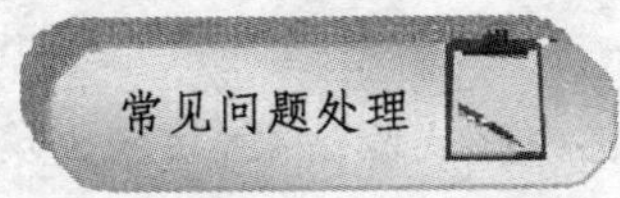

1. 棉花缺硼诊断与施硼肥技术

(1)棉花缺硼症状(图 54):棉花缺硼时叶片卷曲皱缩,顶端生长受阻,侧枝较多,呈簇生,蕾、花、铃发育均不正常,棉桃畸形,茎和叶柄的维管束受损,出现绿色环带,会导致蕾而不花,花而不铃。

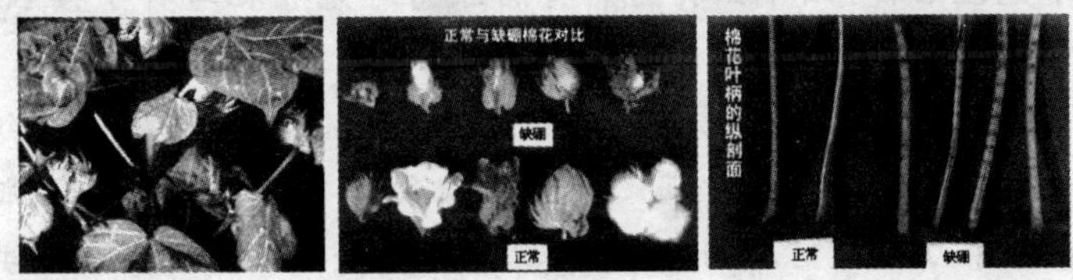

图 54　棉花缺硼症状

①苗期:子叶变小,叶柄较长,叶片增厚,颜色变深,脆而易折,萎蔫下垂呈“个”字形(正常叶子上挺呈“Y”字形);顶芽发育停滞,腋芽萌发,形成多头、叶小的畸形苗。发病轻的棉株节短枝密,株型紧凑。

②蕾期:缺硼时叶柄较长,幼蕾发黄,苞叶张开,直观似被虫蛀过,极易脱落,中下部坐蕾极少甚至不坐蕾,上部幼蕾随着生长也相继脱落。棉花缺硼易感染黄萎病。

③花铃期:开花少,花型小,长势弱,花瓣不能完全展开,花冠被苞叶包着,花粉粒活力差,易败育,授粉后棉桃小而长,顶端尖而弯曲,铃基部呈黑褐色,成熟时开裂不良,吐絮不畅。

④环带识别:缺硼棉株在现 5～8 片真叶时,叶柄上会出现较多的暗绿色环带,环带部组织肿胀,手摸时有凹凸不平的感觉,纵向切开病株叶柄,可见环带处内部组织有明显的褐变。环带颜色

越深，分布越密，肿胀突出越明显，缺硼情况越严重。据调查，黄河流域缺硼棉田，叶柄环带率可达3%。

(2)棉花施硼技术：综合各地棉花硼肥试验结果，缺硼土壤（土壤有效硼低于0.5毫克/千克）和潜在缺硼土壤（土壤有效硼低于0.8毫克/千克），棉花施用硼肥都可获得较好增产效果。

①基肥：棉花播种前结合整地施入，亩用硼砂0.5千克左右，可与氮、磷、钾等肥料混合均匀后一起施用，也可拌细干土后施用。

②种肥：在棉花播种时，将硼肥条施于播种沟内，亩用硼砂0.5千克左右，与细干土拌匀。特别注意避免硼肥与种子接触，不能用硼肥拌种。

③叶面喷施：喷施优点一是硼素在植物体内不易从老组织向新组织转移，喷硼可及时满足新生组织的需要；二是可与药、肥混喷，节约劳力。严重缺硼时，可从现蕾开始每隔10天喷1次，共喷4～6次，可收到较好的增产效果。轻度缺硼时，可在棉花蕾期、初花期、花铃期各喷1次。喷施浓度以0.2%硼砂溶液效果较好。喷液量：蕾期每亩30～40千克，初花期每亩40～50千克，花铃期每亩60千克左右。

2.棉田早衰的原因与防止措施

(1)棉田早衰的特点：一是早衰发生早，在8月下旬就开始出现，农民称之为“未老先衰”；二是早衰面积大；三是早发的棉花早衰比例大。棉株根系和叶片的功能衰退较早，叶片首先落黄，继而逐渐变褐枯萎，叶片脱落；红茎比例达到90%以上，顶心冒尖，向心运动停滞；花位上移，顶端花芽潜伏，不再延伸新的果枝；根系变褐、根浅、根少，吸收肥水能力大大下降；最终导致棉桃小、衣分低、品质变劣、种子的成熟度差。

(2)棉花早衰的原因：

①重茬年限长。棉田重茬年限长，土壤中各种元素减少，有机

质含量低，土壤保水、保肥能力差，后期容易形成早衰。

②犁地层浅。犁地深度不够，偏湿耙地造成土壤僵硬板结，棉花在生育期根系扎得浅、根系弱，后期容易形成早衰。

③施肥灌水不当。a. 未应用微机测土平衡施肥技术，盲目施肥。b. 头水过早。棉花根系入土浅，特别是滴灌棉田，根系衰亡早。c. 滴灌棉花滴水间隔时间过长（正常在5～7天），特别在中后期，容易造成棉花受旱，上部果枝缺水。d. 棉田后期灌水过多、水量大，容易加速棉花的根系衰老、死亡。e. 停水过早，不能满足棉花正常生理需求。f. 过度化控，棉植过矮，顶端优势发挥不出来。g. 棉花枯萎病、黄萎病、红蜘蛛发生面积大，造成棉花叶片过早枯萎脱落，形成早衰。

(3)防早衰技术：

①合理水旱轮作，减少病害的发生。

②培肥地力。认真做好改土培肥、增施有机肥工作，提高棉田土壤有机质含量和保水、保肥能力。

③狠抓耕作质量。犁地深度达到25厘米以下，不抢墒耙地，各项机车作业达到质量标准。

④科学灌水。a. 棉花头水：正常苗情在6月上中旬比较合适，二、三类棉田可适当早滴水，旺长棉花可适当推迟滴水。花铃期是需水的高峰期，滴水量要大。b. 棉田停水时间：正常棉田在9月上旬，沙性地可以到9月中旬。9月底前保持田间不受旱。c. 改变灌溉方式：逐步建立自动化滴灌监控系统。在精密滴灌技术中，什么时候滴水、滴肥，每次滴多少水、肥，通过自动化滴灌监控系统完全可以掌握，才能真正做到根据棉花不同生育时期的需水、需肥规律，进行适时、适量滴水，实现精准灌溉。

⑤科学施肥。a. 必须对各种土壤类型进行微机测土平衡施肥。b. 增加投肥量。进行高密度栽培后，因棉田群体的增大，消耗的养分也在不断增加，为保证棉花的正常生长发育，应增加肥料

的投入。根据棉花产量来定，一个标肥1千克皮棉比较合适，全期90%的磷肥和60%的氮肥作基肥，剩余作为生育期滴肥。c.施肥时期。掌握一个原则是"苗期不施慢慢长，蕾期挨饿稳健长，花铃期吃饱多结桃"。在花铃期，对水肥的需求量增加，必须供应充足的养分。d.增施磷钾和硼肥等微量元素，避免生理调枯早衰。e.合理喷施叶面肥，在8月上旬、中旬结合三代棉铃虫的防治进行两次叶面施肥，每次亩喷磷酸二氢钾150克、尿素100千克，防早衰、增铃重。

3.棉花一生中叶色变化

一般棉花一生要经过三次"黑"和"黄"的交替变化，即三"黑"三"黄"。第一次"黑"是现蕾前，棉株从三片真叶起，叶色逐渐加深，直到现蕾前。现蕾后叶色转淡，出现第一次"黄"。但到盛蕾时叶色又迅速转深，出现第二次"黑"，直到初花期，叶色又慢慢变浅，表现第二次"黄"。进入盛花期，叶色由浅变深，呈现第三次"黑"，到吐絮时，叶片开始衰老，叶色逐渐落黄，呈现第三次"黄"。

参 考 文 献

1. 吴杰. 新疆棉花秸秆利用现状分析和探讨. 中国棉花，2005，33 (2)

2. 李新建，等. 北疆棉区棉花盛夏受灾原因分析. 新疆农业大学学报，2002，25 (3)

3. 李新建，等. 新疆棉花严重气候减产年的热量特征分析. 新疆农业大学学报，2000，23 (4)

4. 张厚. 新疆棉花生产的气象灾害及防御对策措施. 中国农业气象，2000，21(4)

5. 陈冠文，等. 风害对棉株的影响与救灾对策. 中国棉花，1997(1)

6. 中国农业科学院棉花所. 中国棉花栽培学. 上海：上海科学技术出版社，1983

图书在版编目(CIP)数据

棉花高产优质栽培技术/农业部农民科技教育培训中心,中央农业广播电视学校组编. —北京:中国农业大学出版社,2009.6

(新型农民培训丛书)

ISBN 978-7-81117-772-5

Ⅰ.棉…　Ⅱ.①农…②中…　Ⅲ.棉花-栽培　Ⅳ.S562

中国版本图书馆 CIP 数据核字(2009)第 080579 号

书　　名　棉花高产优质栽培技术

作　　者　农业部农民科技教育培训中心　中央农业广播电视学校　组编

策划编辑　汪春林　赵　中　　**责任编辑**　韩元凤

封面设计　郑　川　　**责任校对**　陈　莹　王晓凤

出版发行　中国农业大学出版社

社　　址　北京市海淀区圆明园西路 2 号　　**邮政编码**　100193

电　　话　发行部 010-62731190,2620　　**读者服务部** 010-62732336

编辑部 010-62732617,2618　　**出　版　部** 010-62733440

网　　址　http://www.cau.edu.cn/caup　　**e-mail** cbsszs@cau.edu.cn

经　　销　新华书店

印　　刷　北京时代华都印刷有限公司

版　　次　2009 年 6 月第 1 版　　2009 年 6 月第 1 次印刷

规　　格　850×1 168　32 开本　3.75 印张　90 千字

印　　数　1～5 000

定　　价　7.50 元